Manuela Zaitz

Neues aus der Trickschule für Hunde

Gute Ideen und spannende Beschäftigung

Manuela Zaitz

Neues aus
der Trickschule
für Hunde

Gute Ideen und spannende Beschäftigung

Impressum

Copyright © 2008 by Cadmos Verlag GmbH, Brunsbek
Gestaltung und Satz: Ravenstein + Partner, Verden
Titelfoto: Andreas Maurer
Fotos: Andreas Maurer
Lektorat: Dorothee Dahl
Druck: Westermann Druck GmbH, Zwickau

Printed in Germany

ISBN 978-3-86127-810-8

Inhalt

Einleitung

Liebe Trickser,

da ist es also, Neues aus der Trickschule, das zweite Buch zum unerschöpflichen Thema Hundetricks. Als ich begann, den ersten Teil zu schreiben, ahnte ich nicht, wie erfolgreich das Buch werden und dass ich so bald schon einen zweiten Teil schreiben würde.

Ich bin begeistert zu sehen, wie viel Spaß Mensch und Hund am sogenannten Trickdogging haben. Viele Mensch-Hund-Teams habe ich in den vergangen Jahren begleitet und viele neue Tricks gesehen. Ich bin immer überrascht, auf welche Ideen man kommen kann und zu welch komplexen Handlungen manche Teams fähig sind. Mir gefällt die unglaubliche Vielfalt, für jeden Hund ist etwas dabei; selbst wenn der Hund ein Handicap hat, kann man Tricks auswählen, die im Bereich seiner Möglichkeiten liegen. Keine andere Beschäftigungsmöglichkeit für Hunde kann man derart flexibel variieren und auf die Persönlichkeit von Hund und Halter abstimmen.

Dieses Buch ist die Fortsetzung der Trickschule für Hunde. Es enthält Tricks, die in dem vorangegangenen Buch noch nicht erklärt wurden und teilweise auch in den Filmhundebereich hineingehen.

Mein Wunsch war es, dass beide Bücher unabhängig voneinander gelesen werden können, ohne dass man das jeweils andere besitzen muss. Dazu ist es allerdings notwendig, manche der Grundbegriffe zu wiederholen. Diese habe ich im Kapitel Grundkommandos für Sie zusammengestellt, sodass Sie jederzeit darauf zurückgreifen können, sollten Sie das erste Buch noch nicht kennen.

Auch das ein oder andere Grundsätzliche zum Lernverhalten wird in Ansätzen noch einmal aufgegriffen. Haben Sie den ersten Teil bereits gelesen, können Sie sogleich mit dem Trickteil loslegen. Ich wünsche Ihnen und insbesondere Ihren Hunden viel Spaß.

Manuela Zaitz

Tricks

Viele neue und sehr verschiedene Tricks sind hier für Sie zusammengestellt. Suchen Sie sich die Tricks heraus, die Ihnen und Ihrem Hund am meisten Spaß machen. Einige davon sind etwas komplexer und erfordern etwas mehr Zeit, andere sind recht schnell zu erarbeiten.

Nicken

Bestätigung zu bekommen ist immer schön. Wie toll wäre es, wenn Ihr Hund auf die Frage: „Habe ich recht?", zustimmend nicken würde! Es ist gar nicht so schwer, ihm das beizubringen.

Lassen Sie den Hund vor sich sitzen und nehmen Sie ein Leckerchen in die Hand. Bewegen Sie die Hand mit dem Leckerchen nach oben. Folgt der Hund der Hand mit den Augen und bewegt dabei den Kopf nach oben, loben und belohnen Sie sofort.

Belohnen Sie bitte nicht mit dem Leckerchen, das Sie in der Hand halten, die sich auf und ab bewegt. Dies sollte man so schnell wie möglich abbauen, darum belohnen Sie lieber gleich mit einem Leckerchen aus der anderen Hand. Bewegen Sie nun die Hand wieder nach unten.

Folgt der Hund der Bewegung, loben und belohnen Sie wieder. Klappt das gut, gehen Sie nun dazu über, die Hand nach oben und sofort wieder nach unten zu bewegen und erst dann zu belohnen. So haben Sie schon ein erstes Nicken. Beginnen Sie damit, das Leckerchen in der sich bewegenden Hand abzubauen. Dafür tun Sie zunächst noch so, als hätten Sie das Leckerchen in der Hand, und verfahren genau wie vorher beschrieben. Da der Hund zuvor schon aus der anderen Hand belohnt wurde, fällt dieser Abbau nicht allzu schwer. Zeigt der Hund bereitwillig das Nicken, führen Sie das Signalwort dazu ein. Immer wenn der Hund nickt, geben Sie das Kommando dazu, zum Beispiel *Recht*, um das Signalwort zu etablieren. Bis der Hund allein auf das Wortzeichen nickt, wird einige Zeit vergehen. Nickt der

Um das Leckerchen besser sehen zu können, hebt Einstein den Kopf schön nach oben.

In der schnellen Bewegung wird daraus ein Nicken.

Hier liegt der Punkt schon ganz mittig unter dem Hund.

Hund sicher auf Ihr Kommando *Recht*, können Sie dazu übergehen, dieses in einen Satz beziehungsweise eine Frage einzubauen. Nehmen Sie oben genannte Frage: „Habe ich recht?" Wenn Sie in diesem Satz zu Anfang das Signalwort überbetonen, kann Ihr Hund das Kommando gut herausfiltern. Betonen Sie von Mal zu Mal etwas weniger, bis es aussieht, als beantworte Ihr Hund Ihre Frage.

Üben Sie das Nicken nicht allzu häufig hintereinander, es ist ziemlich anstrengend für die Hunde.

Knicks

Sehr edel sieht es aus, wenn der Hund eine der Vorderpfoten einknickt und sich so nach vorn verneigt.

Allerdings ist es auch nicht ganz einfach zu trainieren. Wichtig dabei ist, dass der Hund das *Touch* sicher beherrscht. Die Erklärung des *Touch*-Kommandos finden Sie im Anhang unter Grundkommandos.

Für den Knicks sollte der Hund ausgewachsen und gesund sein.

Nehmen Sie einen Target-Punkt (alternativ ein Stückchen Papier) und legen ihn vor den Hund. Mit *Touch* lassen Sie den Hund den Punkt berühren. Wiederholen Sie das einige Male, um sicherzugehen, dass der Hund verstanden hat, was Sie von ihm möchten.

Dann gehen Sie dazu über, den Punkt etwas zu verschieben, zunächst immer nur ein kleines Stück nach hinten. Ziel ist es, den Punkt etwa mittig unter den Körper zu bringen, das jedoch in ganz kleinen Schritten. Verändern Sie die

Der perfekte Knicks.

zieren Sie ihn so mit dem Hinterteil vor einer Wand, dass ein Rückwärtsgehen nicht möglich ist. Mit kleinen Hunden kann man dies auch wunderbar auf einem Sessel üben. Haben Sie mit Ihrem Hund bereits mit dem Target-Stick gearbeitet, können Sie anstelle des Target-Punktes natürlich auch mit dem Stab arbeiten.

Haben Sie sich mit dem Target-Punkt so weit nach hinten gearbeitet, dass der Hund beim Berühren des Punktes das Knie aufsetzt, hat er sich sofort einen Jackpot verdient. Eine Glanzleistung, die wirklich toll aussieht.

Will es gar nicht klappen, verkleinern Sie die Schritte wieder. Lassen Sie den Punkt wieder vor dem Hund mit der Pfote berühren und gehen Sie in halben Zentimeterschritten wieder in Richtung der Körpermitte des Hundes. Merken Sie, dass der Hund ab einem gewissen Punkt Schwierigkeiten hat, gehen Sie wieder zurück zu der Stelle, an der es noch ohne Probleme geklappt hat, und arbeiten Sie von dort aus in noch kleineren Schritten weiter.

Voraus

Das Vorausschicken ist nicht nur ein toller Trick, auch auf Spaziergängen und engen Waldwegen ist es äußerst praktisch, wenn der Hund gelernt hat, auf Kommando vorauszulaufen.

Nehmen Sie eine Pylone oder eine Getränkeflasche und platzieren Sie ein Leckerchen obendrauf. Tun Sie dies in Anwesenheit des Hundes, sorgen Sie dafür, dass er es genau beobachten kann.

Dann entfernen Sie sich mit dem Hund zunächst nur etwa anderthalb Meter von der

Position immer nur so weit, wie der Hund noch problemlos mitarbeitet und den Punkt mit der Pfote berührt.

Klappt das gut, beginnen Sie, den Punkt immer weiter unter den Hund zu schieben, sodass der Hund die Pfote nun ein wenig nach hinten strecken muss, um den Punkt zu erreichen. Geht Ihr Hund nun einfach einige Schritte zurück, um den Punkt zu erreichen, plat-

Aufmerksam beobachtet Grete, was da Gutes auf der Pylone platziert wird.

Schnell läuft Grete wieder zur Pylone.

Gemeinsam schleichen sich die beiden an den Ball heran.

Pylone. Machen Sie ihn noch mal auf das Leckerchen obendrauf aufmerksam, und lassen Sie ihn dann loslaufen, damit er sich das Leckerchen holen kann. Das wiederholen Sie einige Male.

Geht der Hund immer wieder zielstrebig zur Pylone, um sich das Leckerchen abzuholen, geben Sie Ihr gewünschtes Kommando dazu, zum Beispiel *Voraus*. Gehen Sie nun dazu über, nur so zu tun, als würden Sie ein Leckerchen ablegen, und schicken Sie den Hund wieder los. Erreicht er die Pylone, loben Sie ihn überschwänglich und belohnen ihn mit einem Leckerchen. Verfahren Sie so einige Male. Klappt es ohne Probleme, können Sie beginnen, die Entfernung immer ein kleines Stückchen zu vergrößern.

Anschleichen

Oft ist in Filmen zu sehen, wie sich der Hund vorsichtig an etwas heranschleicht. Das zu trainieren ist nicht ganz einfach. Häufig sieht man diese geduckte, lauernde Haltung bei Hütehunden. Falls nun aber Ihr Border Collie daheim immer so die Katze anschleicht, ist das nicht der richtige Moment, das Verhalten zu bestärken. Das Hüten von Katzen ist ein Fehlverhalten und sollte in keinem Falle noch gefördert werden. Neigt Ihr Hütehund dazu, nicht hütbares Vieh, Kinder, Autos oder tote Gegenstände zu hüten, üben Sie diesen Trick bitte in keinem Fall.

Nun gehen wir davon aus, dass Sie einen ganz „normalen" Hund daheim haben. Diesen

Die französische Bulldogge namens Kung Fu senkt den Kopf ab und schleicht sich langsam an den Ball heran.

Gehen Sie zurück zum Hund und gehen nun gemeinsam langsam auf das Objekt zu.

Senkt der Hund den Kopf ab und beginnt gemeinsam mit Ihnen zu schleichen, loben Sie ihn sofort. Die größte Belohnung ist in diesem Fall, wenn er sich die „Beute" holen darf.

Bei dieser Variante muss der Hund natürlich schon sehr gut gehorchen, es nützt Ihnen nichts, wenn der Hund von sich aus gleich zu dem Spielzeug hinstürmt.

Eine andere Variante, bei der besonders die Hunde, die mit dem Clicker gearbeitet werden, zu einem guten Erfolg kommen, ist das sogenannte Shapen. Lassen Sie den Hund stehen und klickern, sobald er den Kopf leicht absenkt. Tut er dies nicht von allein, können Sie auch die Hand zu Hilfe nehmen. Halten Sie Ihre Hand nach oben ausgestreckt und machen ihn auf die Hand aufmerksam. Schaut er die Hand an, senken Sie diese plötzlich ab. Folgt er dem Absenken mit dem Kopf, bekommt er einen Klick und Belohnung. Denken Sie daran, dass der Hund am Anfang den Kopf vielleicht nur einen halben Zentimeter absenkt. Belohnen Sie auch schon diese kleinen Schritte.

Senkt der Hund nun immer häufiger den Kopf ab, geben Sie ein neues Kommando dafür hinzu, eine schöne Variante ist der *Indianer*. Hat der Hund gelernt, auf das Kommando hin den Kopf abzusenken, müssen Sie ihn dabei nur noch in eine Vorwärtsbewegung bekommen. Rufen Sie ihn zu sich, und während er kommt, geben Sie ihm das Lautzeichen für das Absenken des Kopfes. Klappt das, ist sofort ein Jackpot fällig. Klappt es noch nicht, üben Sie erst eine Weile im Stehen, bevor Sie es wieder mit dem Absenken im Lauf versuchen.

zum Schleichen zu bringen ist auf verschiedene Arten möglich. Zum einen durch Spannungsaufbau: Nehmen Sie einen Futterbeutel oder ein Lieblingsspielzeug des Hundes und machen Sie das ganz spannend. Setzen Sie den Hund ab und spielen Sie allein mit dem Spielzeug, machen Sie Geräusche damit, werfen es hoch und fangen es auf. Wenn der Hund es nun unbedingt haben will, legen Sie es in etwa zwei bis drei Metern Entfernung ab. Wichtig ist, dass der Hund dabei aber unbedingt an seinem Platz sitzen bleibt und Sie das Spielzeug allein ablegen.

Bereitwillig streckt sich der Hund auf das Handzeichen hin.

Strecken

Einer der Tricks, die sich nur erarbeiten lassen, wenn der Hund das Verhalten anbietet. Der Hund liegt im Platz und streckt dann die Hinterbeine von sich. Manche Hunde robben dabei auch ein kleines Stück nach vorn.

Überlegen Sie, ob Ihr Hund dieses Verhalten anbietet: Manche Hunde strecken sich, wenn sie auf einer frisch gemähten Wiese liegen, andere im Sand, wieder andere auf dem Teppich, wenn sie dabei am hinteren Drittel des Rückens „durchgewalkt" werden. Zeigt der Hund dieses Verhalten, loben und belohnen Sie ihn sofort. Macht er weiter, loben Sie weiter. Sagen Sie immer, wenn der Hund das Verhalten zeigt, auch das gewünschte Kommando dazu, zum Beispiel *Strecken*.

Beim Einfangen solcher Verhaltensweisen dauert es erfahrungsgemäß länger, bis der Hund sicher verstanden hat, worum es geht. Darum ist es gerade hierbei immens wichtig, dass Sie das Kommando *Strecken* nicht schon zur Anfeuerung sagen, wenn der Hund nur auf der Wiese liegt. So verbindet er das Wort *Strecken* nur mit dem, was er tut, und das ist im Beispielfall eben das Liegen auf der Wiese.

Bis der Hund das Strecken auf Kommando beherrscht, werden im Regelfall einige Wochen vergehen.

Umarmen und festhalten

Der Hund steht oder sitzt vor einem senkrechten Stab, Schirm oder Gehstock und umarmt diesen mit einer Pfote. Dieser Trick ist beim

Mit der rechten Hand hält Frauchen die Blume zunächst fest, die andere Hand streckt sie dem Hund zum Pfotegeben entgegen.

Dogdance besonders beliebt, lässt sich aber auch für das Trickdogging schön üben.

Das Umarmen eines Gegenstandes geht recht leicht, wenn der Hund schon sicher die Pfote geben kann. Nehmen Sie einen Stab oder einen Regenschirm und machen Sie den Hund damit vertraut. Lassen Sie den Hund ausgiebig schnuppern und den Gegenstand erkunden. Bringen Sie den Stab in eine senkrechte Position zwischen sich und den Hund. Am besten lässt sich das auf einer Wiese üben, da Sie den Stab hier in den Boden stecken können und ihn nicht noch zusätzlich festhalten müssen. Lassen Sie den Hund nah an den Stab herankommen und dort sitzen. Gibt Ihr Hund immer seine rechte Pfote, positionieren Sie den Stab in Höhe seiner rechten Schulter. Strecken Sie ihm nun die Hand entgegen und lassen Sie sich die Pfote geben. Aus Sicht des Hundes muss dabei seine rechte Pfote rechts am Stab vorbei.

Lassen Sie sich einige Male die Pfote geben und gehen dabei mit der Hand immer näher an den Stab heran. Berührt der Hund hierbei zufällig den Stab, belohnen Sie ihn sofort mit einem besonders tollen Leckerchen. Ziehen Sie immer häufiger Ihre Hand in dem Moment weg, in dem der Hund mit der Pfote einschlagen will, sodass die Pfote stattdessen den Stab berührt. Umarmt der Hund nun immer häufiger den Stab, beginnen Sie ein neues Kommando hierfür zu etablieren.

Besonders kleine Hunde können auch eine große Plastikblume umarmen. Egal ob klein oder groß: Dieser Trick ist eine schöne Überraschung für jemand, der Geburtstag hat.

Auch mit etwas kürzeren Beinen lässt sich eine Blume problemlos halten.

Schäferhund Luca achtet darauf, nah bei Frauchen zu stehen.

Seitwärts gehen

Kein leichter Trick, aber wenn der Hund ihn beherrscht, sieht es einfach toll aus.

Stellen Sie sich hin und nehmen den Hund an Ihre Seite. Achten Sie darauf, dass er nicht sitzt, sondern steht. Belohnen Sie ihn, wenn er dicht bei Ihnen steht. Nun gehen Sie einen Vierteschritt zur Seite, vom Hund weg.

Im Idealfall macht er nun einen Schritt zur Seite, um wieder in der Position zu stehen, die sich gerade so für ihn gelohnt hat. Tut er das nicht, kann man versuchen, ihn mit einem Leckerchen zu locken. Allerdings müssen Sie dabei etwas trickreicher vorgehen. Halten Sie ihm das Leckerchen vor die Nase, wird er wahrscheinlich nur die Vorderbeine bewegen, um an das Leckerchen zu gelangen. So steht er dann schräg zu Ihnen; den Hundepopo nun separat an Ihre Seite zu bekommen ist ein hoffnungsloses Unterfangen.

Bitte ziehen Sie den Hund nicht in die richtige Position, auch wenn es Sie noch so in den Fingern juckt. Den meisten Hunden ist das unangenehm und die Lernerfahrung geht gegen null.

Nehmen Sie stattdessen das Leckerchen in die Hand, an deren Seite auch Ihr Hund steht. Steht Ihr Hund also an Ihrer linken Seite, nehmen Sie das Leckerchen in die linke Hand und halten es etwa eine Handbreit über die linke Schulter Ihres Hundes herausragend. So kann der Hund durch Blickwendung nach links das Leckerchen noch gerade so aus dem Augenwinkel sehen; um es aber besser sehen zu können, muss er einen Schritt zur Seite machen. Diesen ersten Schritt belohnen Sie sofort!

Luca schafft das Seitwärtsgehen schon mit ein wenig Abstand.

Springt der Hund stattdessen aber lieber an Ihrer Hand hoch, ist vielleicht das Leckerchen zu gut gewählt und motiviert den Hund zu stark. Versuchen Sie es mit etwas weniger Duftendem, vielleicht etwas Trockenfutter.

Klappt es sicher, können Sie die Schrittanzahl, die Sie seitlich gehen, erhöhen. Wählen Sie ein neues Kommando für das Seitwärtsgehen – vielleicht *Side* – und etablieren Sie es, indem Sie es immer nennen, wenn der Hund in der Seitwärtsbewegung ist.

Eine tolle Variante ist, wenn der Hund sich seitwärts von Ihnen wegbewegt. Dies können Sie erreichen, indem Sie mit zwei sichtbaren Begrenzungen arbeiten, zum Beispiel zwei Pylonen. Stellen Sie die Pylonen in einem Abstand von etwa einem Meter auf. Üben Sie gemeinsam mit dem Hund immer zwischen diesen beiden Pylonen. Nun beginnen Sie damit, dass der Hund noch stehen bleiben muss, während Sie schon den ersten Schritt zur Seite machen, erst dann darf der Hund mit dem Seitwärtsgehen beginnen.

Bauen Sie diesen Anfang sicher auf, damit Sie nach und nach zwei und drei Schritte zur Seite gehen können, bevor der Hund mit seinem Seitwärts startet. Üben Sie so lange weiter, bis der Hund die Distanz zwischen den beiden Pylonen mühelos bewältigen kann. So lange stehen Sie immer noch seitlich zu den Pylonen und zu Ihrem Hund. Schafft der Hund die Strecke zwischen den Pylonen ohne Probleme, beginnen Sie damit, ganz langsam Ihren Standort zu verändern. Dies wirklich nur in ganz kleinen Fünf- bis Zehnzentimeterschritten. Wenn Sie es auf diese Weise bis frontal zur Mitte, zwischen die Pylonen, geschafft haben,

ist der letzte Weg ein Klacks. Das seitliche Gehen ist auch ein schöner Trick für das Dogdancing.

Buch umblättern

Versonnen blättert der Hund in einem Buch – wenn das nicht den Zuschauer beeindruckt!

Dieser Trick ist recht leicht zu erarbeiten. Auf dem Flohmarkt oder aber vielleicht auch auf dem Dachboden findet sich sicher ein geeignetes Buch. Der Einband sollte fest sein und die Seiten aus fester Pappe. Kinderbücher haben sich bewährt. Klappen Sie das Buch auf und blättern Sie selbst einmal die Seiten. Fallen sie leicht zur anderen Seite weg, haben Sie das richtige Buch gewählt. Üben Sie bitte nicht mit dem Lieblingsbuch der Kinder oder einem Buch, an dem Sie hängen. So mancher Hund wird etwas übereifrig und könnte das Buch beschädigen.

Legen Sie zwischen Deckeleinband und erster Seite ein Leckerchen und legen Sie das Buch auf den Boden, halten es dabei aber an der Unterseite fest. Machen Sie den Hund auf das Leckerchen zwischen den Buchseiten aufmerksam und lassen Sie ihn den Deckel mit der Nase aufstupsen und das Leckerchen fressen. Wiederholen Sie das einige Male, bis der Hund sich sicher ist, dass das Aufstupsen zu einer Belohnung führt. Jedes Mal wenn er das Buch so öffnet, geben Sie Ihr gewünschtes Kommando dazu.

Dann nehmen Sie anstelle eines Leckerchens einen kleinen Gegenstand: einen kleinen Holzkeil, einen Radiergummi oder etwas Ähnliches,

Aufmerksam schaut der Hund schon bei den Vorbereitungen zu.

Schnell stupst Jonny das Buch auf, um an das Leckerchen heranzukommen.

und legen diesen zwischen die Buchseiten. Stupst der Hund nun wieder den Einband auf, belohnen Sie ihn sofort mit einem Leckerchen aus Ihrer Hand. Achten Sie darauf, dass er nicht

Den Kopf weit nach hinten gelegt, jault Hannes aus vollem Halse.

den Radiergummi oder den Keil verschluckt. Üben Sie das einige Male. Klappt es gut, ist es Zeit, auch diese Hilfe abzubauen. Knicken Sie nun die erste Seite des Buches einmal in der Mitte ein. Ist das Buch aus fester Pappe, biegen Sie die Seite nur. Dadurch liegt der Einband jetzt nicht mehr richtig auf und ist so, trotz fehlendem Leckerchen und fehlendem Hilfsgegenstand, für den Hund leichter zu öffnen. Lassen Sie den Hund nun wieder den Deckel aufstupsen. Klappt das, ist ein Jackpot fällig, denn so ganz ohne Hilfe ist es wirklich schon deutlich schwieriger.

Sollte das Buch immer wegrutschen, wenn der Hund es aufstupsen will, hilft es, Klettband an der Unterseite des Buches anzubringen. So auf Teppichboden gelegt, bekommt das Buch schon viel Halt.

Singen

Das „Singen" ist, ebenso wie das „Sprechen", nicht von jedem Hund zu erlernen. Viele nordische Hunde bieten es an, aber auch andere Hunde stimmen manchmal ein begeistertes Geheul an. Wichtig ist, dass Sie bitte niemals den Hund bestätigen, wenn er aus Einsamkeit vielleicht jemandem, der gerade das Haus verlassen hat, hinterherheult.

Wenn Sie in dieser Situation den Hund in seinem Verhalten bestätigen, erhöhen Sie die Chance, dass er zukünftig mehr heult, wenn jemand das Haus verlässt. Da es aber wünschenswert ist, dass der Hund ohne Trauer, Theater, Gebelle und Gejaule die Zeit verbringt, in der er nicht mit seinem Menschen zusammen sein kann,

Auch Sam stimmt begeistert mit ein.

müssen wir einen anderen Weg wählen, um dem Hund das Singen beizubringen.

Einige Hunde reagieren auf Mundharmonika- oder Flötespielen oder Singen mit begeistertem Geheul. Achten Sie darauf, dass der Hund wirklich nur begeistert mit einstimmt; er sollte nicht mitjaulen, weil die Töne so hoch und schrill sind, dass man selbst mitheulen möchte. Singen Sie für Ihren Hund und schauen Sie, ob Sie ihn mitreißen können und er mit einstimmt. Tut er das, belohnen Sie ihn sofort. Nun ist es sehr schwer, gleichzeitig zu singen und ein Signalwort einzuführen. Nehmen Sie stattdessen einfach ein Sichtzeichen. Eine Bewegung wie sie ein Dirigent macht, bietet

sich an. Ihr Hund singt leider nicht? Nun, machen Sie sich nichts draus, Ihr Hund hat sicher andere Talente, die Sie nutzen können.

Kopf auflegen

Der Hund legt den Kopf auf dem Schoß des Besitzers oder an irgendeinem beliebigen Ort ab. Manche Hunde legen von sich aus gern den Kopf in den Schoß, dies können Sie dann leicht ausbauen. Tut Ihr Hund das nicht oder ist er zu klein dazu, beginnen Sie folgendermaßen: Nehmen Sie ein Leckerchen in die rechte Hand. Ihre linke Hand strecken Sie nun mit der Hand-

Gern legt TomTom den Kopf auf Frauchens Hand ab.

innenfläche nach oben dem Hund entgegen. Die Hand sollte dabei in Nasenhöhe des Hundes gehalten werden. Nehmen Sie nun die rechte Hand mit dem Leckerchen und halten Sie sie so vor die geöffnete linke Hand, dass der Hund, um an das Leckerchen heranzukommen, das Kinn in Ihre linke Hand schiebt.

Belohnen Sie ihn dafür sofort mit dem Leckerchen. Wiederholen Sie das einige Male, und wenn der Hund immer bereitwillig sein Kinn auf Ihrer Hand ablegt, geben Sie immer im Moment des Ablegens Ihr gewünschtes Kommando dazu, um das Signalwort zu etablieren. Klappt das gut, gehen Sie zum nächsten Schritt über und variieren Sie die Handposition.

Halten Sie mal die Hand nach rechts ausgestreckt, mal nach links, mal etwas tiefer. Setzen Sie sich bequem auf einen Stuhl und legen Sie die geöffnete Hand auf Ihren Oberschenkel. Ist Ihr Hund sehr klein, setzen Sie sich einfach auf den Boden, das funktioniert ebenso gut. Lassen Sie den Hund mehrfach das Kinn auf die Hand auf Ihrem Oberschenkel ablegen. Ziehen Sie dabei immer weiter Ihre Hand zurück, sodass der Hund nach vier bis fünf Wiederholungen das Kinn auf dem Oberschenkel ablegt. Hat Ihr Hund damit noch Schwierigkeiten, gehen Sie einen Schritt zurück und erhöhen den Schwierigkeitsgrad etwas langsamer.

Variieren Sie nach und nach die Orte, an denen Ihr Hund den Kopf auflegen soll: auf die Sofalehne, ein Höckerchen, einen Zaun. Vielfach sind solche Tricks im Bereich der Werbung sehr gefragt, aber auch für das eigene Fotoalbum machen sich solche Bilder einfach toll.

Kopf auf den Tisch legen –
auf Kommando ist das erlaubt.

Gegenstände an einem bestimmten Ort ablegen

Wäre es nicht praktisch, wenn der Hund hinuntergefallene Stifte, Taschentuchpakete oder Ähnliches wieder zurück auf den Tisch legen könnte? Für diesen Trick sollte der Hund bereits Dinge apportieren können.

Sie benötigen zunächst ein kleines Podest und einen Target-Punkt. Als Podest können Sie je nach Größe Ihres Hundes auch Stühle oder Schuhkartons nehmen. Als Target-Punkte eignen sich Mousepads oder aber einfach aus Papier ausgeschnittene runde Flächen.

Üben Sie zunächst mit einem Podest, auf das Sie den Target-Punkt legen. Sie können auch ohne Podest mit dem Target-Punkt arbeiten, mit wird der Punkt jedoch besser von den Hunden wahrgenommen, und sie gewöhnen sich bereits daran, Dinge auf einem erhöhten Gegenstand abzulegen. Der Punkt dient dazu, später die Umlenkung auf andere Orte, auf die die Gegenstände abgelegt werden sollen, zu vereinfachen. Positionieren Sie das Podest zwischen sich und dem Hund.

Geben Sie dem Hund den Gegenstand und strecken Sie die Hand danach aus, als ob Sie es ihm abnehmen wollten. In dem Augenblick, in dem der Hund das Apportel (so nennt man den zu apportierenden Gegenstand) loslässt, ziehen Sie rasch Ihre Hand weg und lassen den Gegenstand so auf das Podest fallen. Loben und belohnen Sie den Hund sofort. Lässt der Hund das Apportel nicht fallen und weicht stattdessen damit zurück, beginnen Sie von vorn. Hocken Sie sich hinter das Podest, halten ein besonders gutes Leckerchen bereit und geben dem Hund

Als Target-Punkt dient hier ein signalrotes Mousepad.

Ohne Probleme legt der Hund das Handy auf den Target-Punkt.

das Apportel über das Podest hinweg, sodass er sich mit dem Fang bereits an der richtigen Stelle zum Loslassen befindet. Bieten Sie ihm sofort das gute Leckerchen zum Tausch an und belohnen Sie ihn, wenn er den Gegenstand loslässt. Vermeiden Sie nach Möglichkeit das *Aus*-Kommando, denn das bedeutet: Lass es los, und zwar sofort! Wir benötigen aber für diesen Trick

ein neues Kommando, auf das der Hund den Gegenstand erst an einem bestimmten Ort auslässt. Geben Sie also jedes Mal, wenn der Gegenstand auf dem Podest abgelegt wird, ein neues Signalwort Ihrer Wahl dazu, zum Beispiel *Leg hin*, damit der Hund nach und nach das Lautzeichen mit der Handlung verknüpfen kann. Klappt das gut, verändern Sie Ihre Position. Während Sie beim bisherigen Üben immer hinter dem Podest standen, machen Sie nun einen halben Schritt zur Seite.

Kann der Hund ohne Probleme weiterhin den Gegenstand auf dem Podest ablegen, vergrößern Sie die Entfernung immer mehr. Als nächste Variante, den Schwierigkeitsgrad zu erhöhen, nehmen Sie das Podest weg und legen Sie den Target-Punkt auf ein anderes Objekt, das Sie zunächst an der gleichen Stelle positionieren, an dem auch das Podest stand. Klappt auch das nach einigem Üben wieder ohne Probleme, verändern Sie immer wieder den Ort des Target-Punktes und lassen den Hund Gegenstände an verschiedenen Orten ablegen. Damit das immer unauffälliger funktioniert, beginnen Sie damit, den Target-Punkt langsam zu verkleinern, indem Sie mit einer Schere nach und nach immer mehr davon abschneiden. Wunderbar können Sie diesen Trick mit dem Trick Wasserzapfen verbinden. Lassen Sie den Hund einen Napf unter den Zapfhahn stellen und dann selbst das Wasser einfüllen. Filmreif!

Verstecken/Kuckuck

Auf das Kommando *Wo is' er?* versteckt sich Ihr Hund hinter der Gardine und lugt darunter hervor. Ein sehr niedlicher Trick, den Sie natürlich auch mithilfe eines Tisches und einer Tischdecke üben können. Durch Übereifrigkeit des

Heben Sie zu Anfang die Gardine an, das erleichtert es dem Hund, dem Leckerchen zu folgen.

Wie ein Schleier liegt die Gardine über Luise.

Hundes können Gardinen als auch Tischdecken schon mal leiden, üben Sie also nicht unbedingt mit dem besten Stück. Führen Sie den Hund hinter die Gardine und lassen Sie ihn dort sitzen. Nun bringen Sie ihn mithilfe eines Leckerchens dazu, unter der Gardine hervorzuschauen.

Belohnen Sie sofort, sobald nur die Nasenspitze zu sehen ist. Besonders niedlich sieht es aus, wenn der Hund die Gardine mit der Nase anhebt und so versteckt dann sitzen bleibt. Dies erreichen Sie, indem Sie den Hund einige Male für das Drunterhervorschauen belohnen, dann das Leckerchen aber nicht geben, sondern nach oben bewegen. Der Hund wird mit der Nase folgen, und die Gardine liegt wie ein Schleier über dem Hund. Wenn Sie sehr grobmaschige Gardinen haben, achten Sie darauf, dass der Hund nicht mit Krallen, Halsband oder Geschirr darin hängen bleiben kann.

Bring es zu …

Wäre es nicht wunderbar, wenn Ihr Hund kleine Botengänge übernehmen könnte? Eines Ihrer Kinder braucht ein Taschentuch, Sie geben dem Hund ein Päckchen und schicken ihn los, damit er es überbringt.

Das will natürlich geübt sein, denn selbst wenn der Hund den einen oder anderen Namen schon verknüpfen kann, braucht er noch Hilfe, um zu verstehen, was wir von ihm möchten. Grundvoraussetzung für diesen Trick ist, dass der Hund bereits sicher apportieren kann.

Nehmen Sie sich eine Person zum Üben zu Hilfe. Wählen Sie einen Gegenstand, den der

Aufmerksam lauscht TomTom, um zu hören, was er nun tun soll.

Er hat es gut verstanden und bringt nun das Fläschchen zu Iris.

Hund gern apportiert, und überlegen Sie sich, wie das neue Signalwort für diesen Trick heißen soll. Haben Sie den Hund bisher mit *Bring den Ball* (Stock, Kong®, was auch immer) Dinge zu sich apportieren lassen, ist es nun nicht so günstig, ihn mit *Bring den Ball* zu Papa loszuschicken. Es klingt einfach zu ähnlich, also sollten Sie eine andere Formulierung wählen, wie zum Beispiel *Gib es Papa*.

Die Person, die den Gegenstand in Empfang nehmen soll, setzt sich in etwa zwei Meter Entfernung hin. Statten Sie Ihren Helfer mit guten Leckerchen aus. Geben Sie nun dem Hund den Gegenstand und gehen Sie gemeinsam mit dem Hund zu Ihrem Helfer. Wenn Sie den Helfer fast erreicht haben, sagen Sie *Gib es …*, und im gleichen Moment tauscht Ihr Helfer den Gegenstand gegen ein Leckerchen. Wiederholen Sie diesen Schritt einige Male. Gehen Sie dann dazu über, von Mal zu Mal ein kleines Stückchen weiter von Ihrem Helfer weg stehen zu bleiben, und schicken ihn mit dem ja schon geübten *Gib es …* allein weiter.

Schafft Ihr Hund diese kleine Distanz ohne Probleme, vergrößern Sie die Entfernung immer weiter. Wird es für den Hund ab einer bestimmten Distanz schwierig, verringern Sie die Entfernung, die er allein gehen muss, wieder bis zu dem Punkt, an dem es gut geklappt hat, und üben Sie mit dieser Entfernung eine Weile weiter, bevor Sie anfangen, die Entfernung wieder zu vergrößern. Der nächste schwierige Schritt ist, den Helfer in einem anderen Zimmer zu positionieren. Zu Anfang sollte der Helfer immer noch gut zu sehen sein und erst mit jeder weiteren Übung ein Stückchen weiter im Zimmer verschwinden.

Soll der Hund verschiedenen Personen in Ihrem Umfeld Dinge bringen können, müssen Sie dies wie oben beschrieben mit jeder Person neu aufbauen. Tun Sie dies aber immer nacheinander; erst wenn eine Person vom Hund sicher zugeordnet wird und er bei *Gib es Peter* immer Peter ansteuert, üben Sie mit Klaus. Kann er Klaus und Peter sicher, können Sie mit Sieglinde üben, und so weiter.

Schau

Ein tolles Kommando, nicht nur für Tricks. Natürlich ist es klasse, wenn es ausschaut, als ob Sie und Ihr Hund nur Augen füreinander hätten, jedoch ist es auch in vielen Alltagssituationen sehr praktisch. Ein Hund, der Sie auf Kommando anschauen kann, kann nicht im gleichen Atemzug Nachbars Lumpi fixieren, kann den Hasen am Waldrand nicht sehen und nicht die Katze auf der Mauer. Auch hilft es häufig, wenn Hunde sehr dazu neigen, ihr komplettes Programm abzuspulen, und dann wenig ansprechbar sind, das Ganze zu unterbrechen. Der Hund schaut Sie an und wird wieder ansprechbar. Klingt wunderbar und ist dabei eine der leichtesten Übungen. Zum einen können Sie dazu übergehen, jeden zufälligen Blickkontakt, den Ihr Hund Ihnen schenkt, zu belohnen. Schaut er Sie aufmerksam an, sagen Sie *Schau* oder ein anderes von Ihnen gewünschtes Signalwort und geben Sie ihm ein gutes Leckerchen. Die meisten Hunde mögen diese Übung sehr gern, weil es mit wenig Anstrengung viel Belohnung gibt. Neigt Ihr Hund dazu, Sie gar nicht anzuschauen, nehmen Sie ein Leckerchen, zeigen

Das Schau *sieht nicht nur schön aus, sondern ist auch nützlich.*

es dem Hund, verschließen es in Ihrer Hand und führen diese dann in Augenhöhe neben den Kopf. Schaut der Hund Sie hierbei an, sagen Sie *Schau* und geben ihm sofort das Leckerchen.

Üben Sie dies – wie alle anderen Tricks auch – zunächst ohne Ablenkung und wenn der Hund ohnehin aufmerksam und auf Sie konzentriert ist. Klappt es gut, gehen Sie dazu über, in einer ruhigen gelösten Situation, während der Hund vielleicht bei Ihnen liegt, ein *Schau* zu sagen. Blickt der Hund Sie sogleich aufmerksam an, hat er schon einen großen Fortschritt gemacht und sollte mit einem Jackpot belohnt werden.

Körbchen hochziehen

Der Hund steht auf einem Podest und zieht mithilfe von Maul und Pfoten den Korb nach oben auf das Podest.

Ein beeindruckender Trick, den man auf verschiedene Arten trainieren kann. Haben Sie einen erfahrenen Clicker-Hund, der gern und viel ausprobiert? Dann lassen Sie den Hund die Lösung erarbeiten. Zunächst müssen Sie dem Hund zeigen, dass sich der Einsatz mit Pfoten und Maul lohnt, um an ein scheinbar unerreichbares Leckerchen zu gelangen. Sie benötigen einen Korb mit einer Aussparung, ein Seil und

Mit Zähnen und Pfoten zieht Milly das Seil mit dem Wurststück nach oben.

Nun liegt das Wurststück in dem Körbchen.

ein besonders gutes Leckerchen. Befestigen Sie das Leckerchen an dem Seil, idealerweise nehmen Sie ein Stück Wurst. Legen Sie nun das festgebundene Leckerchen unter den Korb und lassen Sie das Seil an der Aussparung herausschauen. Zu Anfang liegt das Leckerchen zwar noch nah am Eingang, aber doch so, dass es nur durch Ziehen am Seil erreicht werden kann. Zeigen Sie dem Hund, was da Gutes unter dem Korb liegt, und ermuntern Sie ihn, sich das Leckerchen zu holen. Halten Sie sicherheitshalber den Korb fest, falls der Hund auf den –

zugegeben cleveren – Gedanken kommt, einfach den Korb umzustoßen. Setzt der Hund nun seine Pfoten ein, um am Seil zu kratzen, ist er der Lösung schon ein gutes Stück näher. Fasst er gar vorsichtig mit den Zähnen am Seil, loben Sie ihn. Tut er sich sehr schwer, können Sie auch kleine Zwischenschritte wie das Kratzen am Seil oder das Hineinbeißen schon belohnen. Schafft er es, das Leckerchen herauszuziehen, darf er es natürlich sofort fressen. Achten Sie darauf, dass er sich hierbei nicht durch das Seil verletzen oder dieses gar verschlucken kann.

Eine tolle Leistung.

erreichen kann. Hat der Hund das Prinzip sicher verstanden, können Sie den Schwierigkeitsgrad erhöhen. Setzen Sie den Hund auf ein Podest oder einen Tisch. Achten Sie bitte hier darauf, dass der Hund nicht durch die Höhe verunsichert ist oder gar unkontrolliert vom Tisch hinunterspringt.

Halten Sie nun das Seil so, dass das Leckerchen daran gerade eben unerreichbar für den Hund hinunterbaumelt. Am einfachsten ist dies, wenn das Seil so lang ist, dass Sie es hinter dem Hund mit der Hand festhalten können. Stellen Sie sicher, dass der Hund nicht hinunterspringt, um sich das Leckerchen von unten zu holen. Halten Sie das Seil wirklich nur so kurz, dass der Hund, wenn er nun beim ersten Mal am Seil zieht, tatsächlich damit das Leckerchen komplett hochzieht. Er soll merken, dass sich das Hochziehen für ihn richtig lohnt. Hat er diesen Schwierigkeitsgrad einige Male erfolgreich bewältigt, lassen Sie das Seil einige Zentimeter länger, sodass die Wurst zwar nach oben kommt, wenn er daran zieht, sie aber zwangsläufig wieder runterfällt, sobald er das Seil loslässt. Wenn Sie sehen, dass der Hund Ansätze zeigt, nun zusätzlich zum Maul auch noch seine Pfoten einzusetzen, um das Seil am Hinunterrutschen zu hindern, belohnen Sie ihn sofort, auch wenn es noch nicht den gewünschten Erfolg hatte. So lernt er aber, dass er auf dem richtigen Weg ist, und weil dieses Verhalten sich gelohnt hat, wird er es weiter versuchen. Ist der Hund sicher, beginnen Sie dann damit, ein leichtes Körbchen an das Seil zu knüpfen und die Wurst dort hineinzulegen.

Es steckt eine enorme Aufgabe hinter diesem Trick.

Ist Ihr Hund ein solcher Gierschlund, dass Sie diese Befürchtung haben, nehmen Sie lieber eine etwa fünf Zentimeter breite Stoffbahn, auf die Sie das Leckerchen legen können. Im oberen Bereich können Sie den Stoff dann durch mehrere Knoten seilähnlich formen.

Zieht der Hund das Leckerchen sicher heraus, legen Sie es immer weiter unter den Korb. Eine andere gute Möglichkeit ist auch, das Seil durch einen Türspalt hindurch zu legen, sodass der Hund das Leckerchen dadurch zwar noch sehen, es jedoch nur durch das Ziehen am Seil

Es sieht tatsächlich so aus, als putze sich ein Waschbär.

Es gibt auch die Möglichkeit, diesen Trick anders zu vermitteln. Kann der Hund sicher an Gegenständen ziehen und sicher Gegenstände mit den Pfoten berühren, kann man ihm das *Zieh*-Kommando geben, damit er an dem Seil zieht. Sobald das Seil dann weit genug oben ist und fixiert werden muss, gibt man ihm das *Touch*-Kommando, damit er eine Pfote auf das Seil setzt. Erstaunlicherweise scheinen die meisten Hunde sich aber leichter damit zu tun, wenn sie sich den Trick selbst erarbeiten, also nicht mit *Zieh* und *Touch* angeleitet werden.

Waschbär

Der Hund sitzt auf den Hinterpfoten und wischt sich mit den Vorderpfoten über die Schnauze. Das sieht – je nach Hund – tatsächlich ein bisschen aus wie bei einem Waschbären.

Hierfür ist es nötig, dass der Hund bereits gelernt hat, zwei Kommandos gleichzeitig auszuführen (siehe Kapitel „Gegenstände festhalten für Könner"). Zudem muss er ein sicheres *Männchen* können, das heißt stabil auf den Hinterpfoten sitzen können. Zusätzlich ist ein *Schäm dich* erforderlich, das bedeutet, dass der Hund sich mit der Pfote über die Nase wischen können muss. Dies hat der Hund aus der normalen *Sitz*-Position bisher immer nur mit einer Pfote anbieten können. Im *Männchen* hat er beide Vorderpfoten oben, kann diese also auch einsetzen. Nicht alle Hunde werden dies gleich zu Beginn tun. Bringen Sie den Hund mit Ihrem Kommando in die *Männchen*-Position. Wiederholen Sie das zwei-, dreimal und geben Sie ihm dann, während er im *Männchen* ist, das Kommando *Schäm dich*. Setzt er sich sofort wieder hin, um das bekannte Kommando im Sitzen auszuführen, arbeiten Sie noch mal wie zu Beginn des *Schäm dich* mit einem Klebestreifen, einem Post-it® oder einem Band als Hilfsmittel.

Beachten Sie, dass der Hund für diesen Trick gut durchtrainiert sein und seine Balance sehr gut halten können muss.

Tür schließen

Sie liegen gerade gemütlich auf der Couch und bemerken, dass die Wohnzimmertür noch offen steht. Nun, Sie können aufstehen und sie selbst schließen, oder Sie schicken Ihren Hund. Natürlich müssen Sie ihm das Schließen der Tür zuvor beibringen. Am leichtesten geht das, wenn Ihr Hund bereits das *Stups* (siehe im Anhang unter „Grundkommandos") beherrscht. Achten Sie darauf, dass Ihr Hund nur mit der Nase stupst; setzt er seine Pfoten ein, kann er die Tür sehr leicht zerkratzen. Kann Ihr Hund mit Target-Punkten arbeiten, setzen Sie einen Punkt an die Stelle der Tür, von dem aus der Hund sowohl vom Winkel als auch von der Höhe her die Tür am besten schließen kann. Der Punkt sollte sich auf Nasenhöhe des Hundes und an der Außenseite der Tür befinden. Ob mit oder ohne Target-Punkt suchen Sie sich die gleiche Stelle aus und ermuntern Sie dann den Hund, die Tür dort mit der Nase zu berühren.

Zu Anfang reicht ein ganz leichtes Berühren aus, der Hund muss die Tür noch nicht merklich bewegen. Macht Ihr Hund keinerlei Anstal-

Vorsichtig stupst der Hund an die Tür.

ten die Tür zu berühren, können Sie mit einem guten Stück Fleischwurst arbeiten. Drücken Sie dieses an die Stelle der Tür, gegen die der Hund drücken soll. Nähert sich der Hund dann der Stelle, um sie zu beschnuppern, und kommt dabei mit der Nase an die Tür, belohnen Sie ihn sofort mit einem guten Leckerchen. Belohnen

Nach kurzem Üben stupst Luise die Tür schon kräftig.

Sie jedes Stupsen. Schließt sich die Tür, belohnen Sie den Hund mit einem Jackpot.

Denken Sie immer daran, dass Hunde neu erlernte Verhaltensweisen bis zur Festigung und Signalkontrolle auch zwischendurch zeigen, außerhalb der Übungssituation. Wenn Sie also die Wohnung verlassen, um mal eben nach der Post zu schauen, und lassen die Tür geöffnet, nehmen Sie bitte den Schlüssel mit.

Das Prinzip des Stupsens mit der Nase können Sie übrigens auch gut zum Schließen von Schubladen und Schranktüren verwenden.

Hinterbein heben

Dazu gibt es verschiedene Varianten: Entweder hebt der Hund nur eines der Hinterbeine, oder er streckt es sogar so, dass es aussieht, als würde er das Bein zum Lösen heben. Beides zu üben und unter verschiedene Kommandos zu

stellen kann sinnvoll sein, falls der Hund tatsächlich einmal für Werbung oder Film eingesetzt werden soll. Denn eine verletzte angehobene Hinterpfote sieht ganz anders aus, als ein zum Pipimachen ausgestrecktes Bein.

Am leichtesten fällt der Aufbau, wenn man mit dem Clicker arbeitet, da das wirklich punktgenaue Bestätigen, wenn der Hund die Hinterpfote anhebt, von enormer Wichtigkeit ist. Da die Hunde die Pfoten meist sehr schnell wieder absetzen, kann das Zeitfenster für ein Markerwort, also ein Lobwort, zu kurz sein.

Lassen Sie den Hund vor sich stehen. Hebt er zufällig eine der Hinterpfoten kurz an, klickern und belohnen Sie den Hund sofort. Bewegt sich der Hund gar nicht, wird es etwas schwieriger. Versuchen Sie durch genaues Beobachten herauszufinden, ob er vielleicht sein Gewicht verlagert und Sie dann schon klickern können, wenn Sie sehen, dass der Hund die Hinterhand entlastet. Kann der Hund einem Target-Stick folgen, können Sie auch diesen einsetzen, um eine Gewichtsverlagerung und dadurch ein Anheben der Hinterpfote zu provozieren. Hierbei ein Leckerchen zum Locken zu nehmen hat sich als nicht weiterbringend gezeigt, da die Hunde dann meist so fixiert auf das Leckerchen sind, dass sie den Klick nicht den Hinterbeinen zuordnen können. Eine andere Möglichkeit ist – wenn der Hund dies duldet und dadurch nicht verunsichert wird –, die Innenseite eines der Hinterbeine ganz leicht zu berühren. Viele Hunde kennen solche Berührungen vom Pfotenabputzen und heben automatisch das Bein an. Klickern und belohnen Sie sofort. Wiederholen Sie das einige Male. Jedes Mal wenn der Hund das Bein anhebt, geben Sie Ihr gewünschtes Signalwort hinzu, zum Beispiel Verletzt, um es als Kommando zu festigen. Hebt der Hund immer sehr bereitwillig das Bein an, versuchen Sie die Hilfe von Mal zu Mal mehr abzubauen. Berühren Sie immer weniger und kürzer, bis Sie vielleicht nur noch kurz über die Haare fahren. Machen Sie zwischendurch einen Versuch und tun Sie nur so, als ob Sie den Hund berühren wollten. Manche Hunde haben das schon so verinnerlicht, dass sie dann automatisch das Bein heben. Das ist der richtige Zeitpunkt für einen Jackpot.

Haben Sie das Anheben des Beines dann unter Signalkontrolle, können Sie versuchen, es so weit auszuweiten, dass es aussieht, als ob der Hund das Beinchen zum Pipimachen heben würde. Kann Ihr Hund sich schon auf Kommando lösen, sollten Sie hier jedoch unbedingt ein anderes Signalwort wählen, denn es soll ja nur so aussehen, als ob.

Auch wenn es so aussieht, der Hund markiert nicht, es ist nur ein Trick.

Pepper hat nicht nur gelernt, das Hinterbein zu heben, sondern tritt aus wie ein Pferd. So kann man auch kegeln.

Hannes in Erwartung der Leberwurst.

Schleck

Auf Kommando schleckt der Hund sich über die Nase. Diesen Trick kann man am besten mit besonders tollen Leckerchen und Leberwurst aufbauen. Nehmen Sie einen ganz kleinen Klecks Leberwurst und streichen Sie diesen seitlich an die Nase Ihres Hundes.

Leckt der Hund sich nun über die Nase, loben und belohnen Sie ihn sofort, wenn möglich mit Leckerchen, die der Hund noch besser findet als die Leberwurst. Wiederholen Sie das einige Male und nehmen Sie immer weniger Leberwurst.

Jedes Mal wenn der Hund sich über die Schnauze leckt, geben Sie Ihr gewünschtes Signalwort, zum Beispiel *Schleck*, hinzu. Machen Sie nun einen Versuch ohne Leberwurst. Tun Sie so, als ob Sie Leberwurst auf die Schnauze aufbringen würden, und warten Sie einen Augenblick. Leckt der Hund nun von ganz allein über die Nase, loben und belohnen Sie ihn überschwänglich. Klappt es noch nicht ohne die aufgebrachte Wurst, gehen Sie zunächst wieder einen Schritt zurück und arbeiten eine Weile mit der Leberwurst als Hilfsmittel weiter, bevor Sie den nächsten Versuch ohne Wurst starten.

Ein anderes schönes Kommando für diesen Trick ist zum Beispiel auch *Hunger*. Dies können Sie dann schön in eine Frage an Ihren Hund einbauen: „Hast du Hunger?", und der Zuschauer glaubt, der Hund verstehe jedes Wort und leckt sich schon in Vorfreude genüsslich über die Schnauze.

Schnell raus mit der Zunge …

… und abgeleckt!

Auf den Hinterbeinen laufen

Der Hund läuft auf zwei Beinen. Hierbei ist es unbedingt erforderlich, dass der Hund absolut gesund und ausgewachsen ist. Doch selbst wenn diese Grundvoraussetzungen gegeben sind, darf man diesen Trick nicht zu häufig üben, um den Bewegungsapparat des Hundes nicht zu sehr zu belasten.

Aus dem *Sitz* heraus locken Sie den Hund mit einem Leckerchen in eine aufrechte Position, indem Sie das Leckerchen knapp über den Kopf

Die kleine Milly kann mühelos auf den Hinterbeinen laufen.

Auch ohne Hilfe kein Problem.

des Hundes halten, gerade so, dass er nicht heranreichen kann.

Belohnen Sie zu Anfang bereits, wenn der Hund die Vorderpfoten auch nur kurz anhebt. Das Ausbalancieren auf zwei Pfoten erfordert viel Übung. Gestalten Sie die Einheiten kurz, damit der Hund nicht überlastet wird. Schafft der Hund es, sich so weit nach dem Leckerchen zu strecken, dass er schön auf den Hinterbeinen steht, belohnen Sie ihn mit besonders attraktiven Leckerchen. Diese können Sie dann auch dazu nutzen, ihn aus der aufrechten Position auf zwei Beinen in eine Vorwärtsbewegung zu locken. Manchen Hunden fällt es sehr schwer, auf den Hinterpfoten zu laufen.

Stattdessen machen sie einen Hopser vorwärts. Auch das können Sie belohnen, es sieht mindestens genauso toll aus wie das Laufen auf zwei Beinen.

Auf den Vorderbeinen laufen

Eine sehr seltene, aber mögliche Variante ist das Laufen auf den Vorderbeinen. Häufig zu sehen ist dies bei Kleinhunderassen, wenn sie versuchen, Urinmarken von größeren Hunden zu überdecken. Sie richten den Hinterkörper auf und balancieren so ihr komplettes Gewicht auf den Vorderbeinen. Aufgrund des Körperbaus und der Schwere des Körpers rate ich dringend davon ab, diesen Trick mit mittleren und großen Rassen zu üben.

Hat man einen Hund, der ein solches Verhalten anbietet, kann man dies jedes Mal, wenn er

Die Hinterbeine sind noch auf dem Bücherstapel, die Vorderbeine stehen schon auf dem Boden.

Ganz allein läuft sie nun auf den Vorderpfoten.

darauf, dass der Hund nicht springt. Ziel ist es, ihn nur mit den Vorderpfoten nach unten zu lotsen, die Hinterpfoten stehen noch auf dem Podest. Variieren Sie die Höhe des Podestes, wie es Ihrem Hund angenehm ist. Bietet der Hund nun das Balancieren auf den Vorderpfoten an, belohnen Sie ihn überschwänglich. Es ist eine sehr große Leistung, und Sie sollten diesen Trick nur in ganz kurzen Einheiten üben.

Bitte lassen Sie sich niemals dazu hinreißen, mit den Händen nachzuhelfen und die Hinterbeine des Hundes anzuheben. Er könnte dadurch in Panik geraten, sich vielleicht sogar überschlagen und verletzen. Kein Trick der Welt ist es wert, eine Verletzung des Hundes zu riskieren.

Werfen

Auf manche Tricks kommt man nicht selbst. Ich bekam eine Anfrage von einer Werbeagentur, ob ich einen Hund hätte, der ein Stöckchen werfen könnte. Hatte ich nicht, versprach aber zu trainieren.

Da Stöckchenspielen für Hunde lebensgefährlich sein kann, wenn sich ein Teil des Stocks oder ein Splitter in Zunge oder Rachen bohrt, sollten Sie lieber mit einem Lederapportel oder einem Gummiknochen üben. Für diesen speziellen Fall habe ich mit angeblich nicht splitternden Stöcken geübt, die aus dem Zoofachhandel stammen, ursprünglich für Chinchillakäfige gedacht.

Zeigt Ihr Hund generell extrem aufforderndes Verhalten, legt Ihnen immerzu einen Ball oder einen Stock vor die Füße, sollten Sie

es von sich aus zeigt, belohnen. Eine Möglichkeit, dieses Verhalten zu provozieren, ist, ein kleines Podest zu bauen – bei den Kleinhunderassen eignen sich Bücherstapel hervorragend, weil man so flexibel die Höhe regulieren kann.

Lassen Sie den Hund auf das Podest springen und locken Sie ihn dann ganz langsam mit einem Leckerchen wieder herunter. Achten Sie

davon absehen, diesen Trick zu üben. Gerade bei Hütehunden beobachtet man dieses Verhalten häufig. Anstelle dieses weiter zu fördern, sollten Sie lieber andere Tricks wählen.

Es gibt die Möglichkeit, dass der Hund den Gegenstand nach vorn wirft oder aber, was deutlich realistischer wirkt, zur Seite weg.

Für den Aufbau sollte der Hund bereits sicher Dinge aufnehmen, und Sie sollten den Hund sehr punktgenau bestätigen können. Clickertraining ist hierbei sehr hilfreich.

Ermuntern Sie den Hund, das Apportel aufzunehmen. Nimmt er es ins Maul, warten Sie ab. Sobald er es fallen lässt, belohnen Sie den Hund sofort. Wiederholen Sie dies einige Male. Meist gibt es deutliche Unterschiede, manchmal öffnet der Hund einfach nur das Maul, und der Gegenstand fällt heraus, manchmal schleudert er es etwas heraus. Belohnen Sie das Schleudern immer mit besonders guten Leckerchen, damit es für den Hund lohnenswerter wird als das simple Fallenlassen. Zeigt der Hund immer nur das Loslassen, versuchen Sie es einmal mit einem anderen Gegenstand, manchmal wirkt das Lieblingsspielzeug Wunder.

Jedes Mal wenn der Hund den Gegenstand wirft, geben Sie Ihr gewünschtes Signalwort hinzu, zum Beispiel *Werfen*.

Sind Sie bereits Clickerprofi, können Sie nun versuchen, eine Seitwärtsbewegung während des Werfens herauszuarbeiten.

Um das Zur-Seite-Wegwerfen zu üben, kann es auch hilfreich sein, eine Begrenzung aufzustellen. Eine schmale Kiste oder ein Aktenordner bieten sich an. Eine andere gute Möglichkeit ist, eine Bahn Packpapier in einen Türrahmen zu kleben. Diese können Sie individuell an die

Als lustige Variante lassen Sie doch einfach mal Ihren Hund das Frisbee® werfen.

Es erfordert einige Übung, bis die Scheibe gerade fliegt.

Größe Ihres Hundes durch Zurechtfalten anpassen. Ideal ist etwa eine Höhe, in der der Brustkorb des Hundes beginnt. Stellen Sie den Hund seitlich zur Begrenzung, Sie begeben sich auf die andere Seite.

Ermuntern Sie ihn, den Gegenstand aufzuheben. Mit dem zuvor eingeführten *Werfen* sollte er nun möglichst den Gegenstand über die Begrenzung werfen. Jedes Mal wenn das gelingt, belohnen Sie den Hund mit einem Jackpot.

Kann der Hund bereits verschiedene Kommandos gleichzeitig ausführen, können Sie ihn auch den Gegenstand aufnehmen, dann den Kopf schütteln lassen und im Kopfschütteln ein *Aus*-Kommando geben. Vielfach ist dieser Aufbau aber deutlich schwieriger.

Beim Aufbau dieses Tricks ist es wichtig zu berücksichtigen, dass der Hund das Werfen in der Anfangszeit (bis es unter Signalkontrolle steht) wahrscheinlich auch anbieten wird, wenn er nur apportieren oder Gegenstände aufheben soll.

In der Ausgangsposition, das Leckerchen hinter dem Rücken.

Schubsen

Ein lustiger Trick, in Filmen und in spaßigen Dogdance-Choreografien zu sehen, ist, wie der Hund einen Menschen umstößt. Der Mensch beugt sich vor, und der Hund legt die Vorderpfoten auf das ausgestreckte Hinterteil des Menschen und schubst ihn so um.

Zunächst muss Ihr Hund hinter Ihnen stehen und in die gleiche Richtung blicken wie Sie. Um dies zu erreichen, stellen Sie sich vor Ihren Hund und nehmen ein Leckerchen in die Hand.

Drehen Sie sich schnell herum, sodass der Hund nun hinter Ihnen steht, halten Sie gleichzeitig die Hand mit dem Leckerchen hinter den Rücken und beugen Sie sich ein wenig vor. Jetzt animieren Sie den Hund mit dem Leckerchen, an Ihrem Gesäß hochzuspringen.

Versucht der Hund an das Leckerchen heranzukommen und setzt dabei eine Pfote an Ihren Allerwertesten, geben Sie sofort das Leckerchen frei und loben Sie den Hund. Üben Sie das einige Male, wobei Sie immer tiefer hintergebeugt dastehen. Suchen Sie sich ein Signalwort aus, das Sie immer wieder nennen, wenn der Hund gegen Sie springt. Gehen Sie dazu über, nur noch so zu tun, als hätten Sie ein

Zunächst noch ganz vorsichtig springt der Hund hoch.

Auch die ersten „Fallversuche" irritieren Jonny nicht.

Leckerchen in der Hand. Springt der Hund dann hoch, loben Sie ihn und geben Sie ihm ein besonders gutes Leckerchen aus der anderen Hand. Signalwort und Körperhaltung werden auf diese Weise langsam zum Auslöser für den Trick, und die vormals wichtige Hand, die das Leckerchen hielt, kann so zuverlässig abgebaut werden.

Um den Trick später realistisch wirken zu lassen, können Sie dann so tun, als würden Sie etwas vom Boden aufheben, Blümchen pflücken oder sich die Schuhe zubinden.

Sind Sie so weit fortgeschritten, dass Sie schon ganz gebeugt stehen und der Hund auf das Signalwort gegen Ihren Po springt, bewe-gen Sie sich vorsichtig genau in dem Moment, in dem Sie die Pfoten spüren, ein kleines Stück nach vorn. Belohnen Sie Ihren Hund sofort. Üben Sie weiter, indem Sie sich von Mal zu Mal mehr bewegen, wenn der eigene Hund Sie „schubst".

Gehen Sie langsam vor, denn wenn Sie sich gleich beim ersten Mal theatralisch zu Boden fallen lassen, erschrecken Sie womöglich Ihren Hund.

Haben Sie einen kleinen Hund, können Sie den Trick trotzdem üben. Entweder Sie lassen den Hund stattdessen gegen Ihren Po springen, oder Sie hocken sich hin und lassen dann den Hund „schubsen".

Grete hat das Rückwärtslaufen schnell gelernt und ist mit Feuereifer dabei.

Rückwärts um den Menschen und um Gegenstände gehen

Eine schöne Variante des Rückwärtsgehens ist, wenn der Hund rückwärts um seinen Menschen läuft. Zu Beginn sollten Sie versuchen, dem Hund das Rückwärtsgehen zu vermitteln, ohne dass er zunächst dabei um Sie herumläuft. Stellen Sie sich breitbeinig hin, sodass der Hund bequem dazwischenpasst. Locken Sie den Hund nun so von hinten zwischen Ihre Beine, dass Sie beide in die gleiche Richtung schauen. Belohnen Sie ihn sofort und beginnen dann mit dem Rückwärtslaufen. Zeigen Sie dem Hund ein weiteres Leckerchen und bewegen Sie es dann über seinen Kopf nach hinten, sodass er, wenn er das Leckerchen im Auge behalten will, rückwärtsgehen muss. Sollte der Hund sich hinsetzen, anstelle rückwärtszugehen, nehmen Sie das Leckerchen und halten es in Höhe des Brustkorbs des Hundes. So muss er wieder – um das Leckerchen im Auge behalten zu können – einen Schritt zurückgehen. Belohnen Sie sofort den ersten Schritt. Die wenigsten Hunde gehen im Alltag rückwärts, darum sollten Sie die ersten kleinen Schritte schon belohnen. Hat das gut geklappt, üben Sie das Gleiche, während der Hund neben Ihnen steht. Sollte der Hund dabei immer zur freien Seite weichen, stellen Sie sich einfach an eine Wand oder einen Zaun und positionieren Sie den Hund zwischen sich und dem Hindernis. Lassen Sie ihm aber genügend Raum, er sollte sich nicht bedrängt fühlen. Funktioniert auch das ohne nennenswerte Probleme, müssen Sie nur noch die Biegung um Sie herum hinbekommen. Steht der Hund an Ihrer rechten Seite und

Sie blicken beide in die gleiche Richtung, nehmen Sie ein Leckerchen in die rechte Hand. Anstelle wie zuvor die Hand in der Mitte des Brustkorbs zu halten, positionieren Sie diese nun über der rechten Seite des Brustkorbs des Hundes. So kann er am besten nach links hinten ausweichen, um das Leckerchen noch sehen zu können, und bewegt sich so rückwärts um Sie herum.

Belohnen Sie sofort auch schon den ersten Schritt, um den Hund zu motivieren und das Rückwärts-um-Sie-Herumlaufen zu einem lohnenswerten Ereignis zu machen. Haben Sie einen sehr kleinen Hund, hocken Sie sich ruhig hin und verfahren genauso wie oben beschrieben. Auch in der Hocke kann man den Hund zum Rückwärtsgehen animieren, es ist gerade bei kleinen Hunden so deutlich rückenschonen-

der für den Menschen. Hat der Hund gelernt, einem Target-Stick zu folgen, kann die Übung auch hiermit aufgebaut werden.

Die erste große Schwierigkeit zeigt sich, wenn der Hund so weit rückwärts geht, dass er hinter Ihren Rücken kommt. Wenn Sie sich nicht allzu sehr verdrehen wollen, müssen Sie ab etwa der Mitte des Rückens mit einem zweiten Leckerchen in der anderen Hand arbeiten. Dafür müssen Sie sich zur anderen Seite umwenden. Am leichtesten geht es, wenn Sie den Hund für das Rückwärtsgehen bis zur Mitte Ihres Rückens mit einem etwas größeren oder festeren Leckerchen belohnen. Das verschafft Ihnen die Zeit, die Sie benötigten, um sich rasch mit dem nächsten Leckerchen in der einen Hand umzuwenden und mit der anderen Hand weiterzumachen. Wenn Sie eine komplette Runde

Die ersten Versuche mit Pylone klappen bereits recht gut.

Und sogar mit etwas mehr Abstand klappt es schon gut.

geschafft haben, belohnen Sie den Hund mit einem besonders guten Leckerchen.

Folgt der Hund sicher der Hand mit dem Leckerchen rückwärts, beginnen Sie diese Hilfe abzubauen. Tun Sie nur so, als hielten Sie ein Leckerchen in der Hand, und beginnen Sie den Hund wieder rückwärtszuführen. Geht der Hund einen kleinen Schritt zurück, loben und belohnen Sie sofort mit einem Leckerchen aus der anderen Hand. Akzeptiert der Hund diesen Wechsel gut, können Sie damit beginnen, von Mal zu Mal ein kleines bisschen aufrechter stehen zu bleiben. Nutzen Sie die Hand, die vorher das Leckerchen gehalten hat, als Führhand.

Kann der Hund sicher rückwärts um Sie herumlaufen, gibt es verschiedene Varianten. Sie können sich gemeinsam mit dem Hund drehen oder in entgegengesetzter Richtung zum Hund.

Eine andere, noch schwierigere Variante ist das Rückwärtsumrunden von Gegenständen. Hierfür sollte der Hund Sie bereits rückwärts umrunden können. Stellen Sie eine Pylone oder eine gefüllte Flasche vor sich. Nun lassen Sie den Hund rückwärts um sich herumgehen. Achten Sie darauf, dass der Hund die Pylone auch wahrgenommen hat und sie in seine Umrundung mit einbezieht. Üben Sie das einige Male und gehen Sie dann dazu über, sich zentimeterweise von der Pylone zu entfernen. Achten Sie darauf, dass der Hund immer auch die Pylone umrundet. Verkürzt der Hund nun den Weg und geht nur noch rückwärts um die Pylone, belohnen Sie ihn mit einem Jackpot.

Buddeln

Buddeln auf Kommando kann man wunderbar frei formen, wenn der Hund ohnehin draußen das Buddeln anbietet. Bedenken Sie aber, dass, wie bei allen Dingen, die der Hund lernt, er auch dieses in der Anfangszeit häufiger anbieten wird. Sollten Sie also viel Wert auf Ihren englischen Rasen legen und mit Dreckklumpen zwischen den Pfoten nichts anfangen können, dann überschlagen Sie diesen Trick und gehen gleich zum nächsten Kapitel weiter.

Buddelt der Hund draußen an erlaubten Stellen, können Sie das Signal *Buddel* dazugeben. Er sollte damit nicht nur Im-Boden-Buddeln verbinden, sondern das eigentliche Kratzen auf verschiedenen Untergründen. Um dies zu erreichen können Sie zu einem einfachen Trick greifen. Zerreißen Sie ein großes Stück Packpapier und formen Sie daraus einen schönen Haufen.

Nun ermuntern Sie den Hund draufloszubuddeln. Achten Sie dabei gut auf den Untergrund. Er sollte ungefährlich für den Hund sein, in einem Holzbohlenboden könnte der Hund zum Beispiel mit einer Kralle hängen bleiben. Andere Untergründe könnten auch durch die Hundekrallen zu Schaden kommen. Besteht weder für Hund noch für Boden Gefahr, kann es losgehen. Will der Hund sich nicht animieren lassen, verstecken Sie ein trockenes Leckerchen unter dem Haufen und halten Sie gleichzeitig noch bessere Leckerchen bereit. Sollte der Hund nun seine Pfoten einsetzen, um an das Leckerchen heranzukommen, belohnen Sie das sofort, auch wenn das leichte Kratzen noch nicht wirklich nach Buddeln aussah. Ermuntern Sie ihn dann weiter, nach dem versteckten Leckerchen zu

Noch recht vorsichtig buddelt Jonny in dem Papierhäufchen.

Schnell von Begriff, buddelt er nun an jeder beliebigen Stelle.

graben. Jedes Mal wenn er Kratz- und Buddel-bewegungen macht, belohnen Sie ihn und geben Ihr Signalwort dazu, zum Beispiel *Buddel*. Haben Sie das einige Male geübt, verstecken Sie kein Leckerchen mehr unter dem Packpapierhaufen, sondern animieren den Hund so dazu, dort zu buddeln. Bestätigen Sie wie bereits beschrieben. Nach und nach können Sie immer weniger Papier benutzen, bis Sie dieses komplett abgebaut haben und der Hund nur noch auf das Signalwort an von Ihnen gewünschten Stellen buddelt.

Noch eher als bei anderen Tricks kommt hier die Frage auf, warum man dem Hund so etwas beibringen sollte. Der ein oder andere hat vielleicht tatsächlich einmal die Möglichkeit, seinen Hund in einem Fernsehfilm eine kleine Rolle spielen zu lassen. Wer weiß, was dort gefragt ist! Ich nutze dieses Kommando, um meine – teilweise gigantischen – Maulwurfs-hügel auf eine einstampfbare Höhe herunter-buddeln zu lassen.

Zunächst muss der Hund sich daran gewöhnen, dass der Reifen sich bewegt.

Durch einen rollenden Reifen springen

Im ersten Buch gab es bereits den Trick, durch einen Reifen zu springen. Eine wunderbare Erweiterung des Ganzen ist der Sprung durch einen rollenden Reifen.

Wählen Sie einen handelsüblichen Hula-Hoop-Reifen für Kinder. Achten Sie darauf, dass er nicht mit Wasser beschwert und er wirklich rund und nicht etwa eiförmig ist. Machen Sie zunächst Ihren Hund mit dem Reifen vertraut. Locken Sie ihn mit einem Lecker-

chen durch den Reifen und belohnen Sie ihn sofort. Geht Ihr Hund ohne Scheu durch den Reifen, können Sie nun damit beginnen, den Reifen zu bewegen. Halten Sie den Reifen mit einer Hand gerade vor sich. Steht der Hund links von Ihnen, halten Sie den Reifen mit der linken Hand fest und locken den Hund mit einem Leckerchen in der rechten Hand durch den Reifen. Während Sie das tun, bewegen Sie sich im Schneckentempo. Rückwärtsbewegen hat sich insofern bewährt, als dass man sich beim Vorwärtsbewegen mit Reifen oftmals vorn über den Reifen beugt, während man den Hund lockt. Dies ist vielen Hunden unangenehm und kann durch den einfachen Trick mit dem Rück-wärtsgehen vermieden werden. Durchquert der

Hund den sich bewegenden Reifen ohne Probleme, geben Sie bei jedem Mal, wenn der Hund dabei ist, durch den Reifen zu gehen, ein neues Signalwort dazu. Das kann zum Beispiel das Wort *Durch* sein oder ein anderes Wort, das Sie noch nicht verwenden.

Beginnen Sie damit, das Tempo, mit dem Sie den Reifen bewegen, vorsichtig zu erhöhen. Klappt das gut, können Sie beginnen, den Reifen zu rollen. Dies üben Sie zunächst ohne Hund. Gehen Sie mit dem Reifen auf eine ebene Wiese und probieren Sie aus, wie Sie ihn am besten rollen, damit er solange wie möglich stabil aufrecht bleibt. Manche werfen den Reifen elegant, manche geben dem Reifen einfach mit zwei Händen Schwung. Egal wie Sie

es machen, nehmen Sie erst den Hund dazu, wenn der Reifen einige Meter stabil rollt. Bei den ersten Übungen mit Hund bewegen Sie nun zunächst noch mal den Reifen von Hand so schnell, wie er auch nachher rollen wird. Springt der Hund freudig durch, belohnen Sie ihn sofort.

Wenn Sie das erste Mal den Reifen rollen, geben Sie Ihrem Hund das bereits etablierte Kommando und schauen Sie, was er macht. Springt er durch den rollenden Reifen, ist sofort ein Jackpot fällig. Tut er es nicht, bleibt er vielleicht stehen und verhält sich abwartend, versuchen Sie Folgendes: Bisher waren Sie immer am Reifen dran, wenn der Hund hindurchging. Rollt der Reifen nun allein und Sie

Nun geht es schon beherzt durch den Reifen.

bleiben stehen, fehlt dem Hund eventuell ein entscheidender Auslöser. Werfen Sie den Reifen und laufen Sie gleichzeitig hinterher, so wie vorher, als Sie den Reifen noch dabei festgehalten haben. Klappt es jetzt, haben Sie eine

Vorsichtig fasst Ben den Strohhalm.

Auch allein festhalten ist kein Problem für ihn.

gute Ausgangsposition und müssen nur nach und nach die Entfernung zwischen sich und dem Reifen vergrößern. Bis Sie den Reifen werfen können und dabei stehen bleiben, wird vielleicht etwas Zeit vergehen, aber die Mühe des Abbaus in kleinen Schritten lohnt sich in jedem Fall.

Gegenstand festhalten

Manchmal hätte man gern für ein schönes Foto, dass der Hund einen bestimmten Gegenstand eine etwas längere Zeit im Maul behält. Das erfordert viel Geduld und ist je nach Hund nicht ganz einfach. Planen Sie ein, dass Sie, bis der Hund einen Gegenstand zuverlässig einige Minuten im Maul behält, viele Trainingseinheiten über einige Wochen verteilt benötigen. Manche Rassen, insbesondere die Retriever, lernen diesen Trick allerdings besonders schnell.

Wählen Sie zu Beginn einen Gegenstand, von dem Sie wissen, dass der Hund ihn gern aufnimmt. Halten Sie ihn dem Hund hin, und sobald er ihn ins Maul nimmt, loben Sie ihn und geben ihm ein Leckerchen. Halten Sie den Gegenstand zu Beginn ruhig auch noch fest, achten Sie nur darauf, dass daraus kein Zerrspiel entsteht.

Von Mal zu Mal warten Sie einen Sekundenbruchteil länger mit dem Lob und erweitern so die Zeit des Festhaltens. Hält der Hund den Gegenstand schon zwei bis drei Sekunden fest, beginnen Sie das Lautzeichen hinzuzugeben. Ein mögliches Kommando wäre Fest von „festhalten". Üben Sie zunächst mit diesem kurzen Zeitfenster weiter, beginnen Sie aber das Apportel kurz loszulassen, sodass der Hund es allein hält. Klappt das sicher, können Sie weiter am Ausdehnen des Festhaltens arbeiten. Gehen Sie hierbei unbedingt ganz langsam voran. Sollte der Hund den Gegenstand immer sofort fallen lassen, sodass Sie keinerlei Möglichkeiten haben, überhaupt zu versuchen, die Zeit auszudehnen, können Sie es mit einem anderen Gegenstand ausprobieren. Häufig bewährt hat sich eine simple Einmal-Taschentuchpackung. Die meisten Hunde mögen diese Päckchen gern fassen. Klappt es auch mit einem anderen Gegenstand nicht, versuchen Sie es in Bewegung. Gehen Sie mit dem Hund an der Leine in ruhigem, gemäßigtem Schritt. Geben Sie ihm während des Laufens den Gegenstand. Hierbei ist die Chance deutlich größer, dass der Hund zumindest einen kleinen Augenblick mit dem Gegenstand im Maul läuft.

Loben und belohnen Sie immer unbedingt, bevor der Hund den Gegenstand loslässt. Loben Sie während oder nachdem er das Apportel fallen lässt, belohnen Sie das Auslassen des Gegenstandes, und es wird immer schwieriger, ihn dazu zu bringen, länger etwas festzuhalten.

Eine weitere häufige Fehlerquelle ist, dass der Hundehalter zu früh nach dem Leckerchen greift, der Hund diese Bewegung wahrnimmt und schon mal in Erwartung der folgenden Belohnung den Gegenstand fallen lässt.

Aus diesem Grund ist auch das Ausbauen des Zeitfensters nicht ganz einfach. Achten Sie gut auf die Anzeichen, die das Loslassen ankündigen. Gehen Sie nur ganz langsam voran, so bauen Sie das Zeitfenster am sichersten aus.

Für Fotos ist das ebenso äußerst praktisch einzusetzen. Wenn Sie möchten, dass es so aussieht, als ob der Hund aus einem Strohhalm

Der Hund trinkt natürlich nicht wirklich aus dem Strohhalm, er hält ihn nur fest.

trinkt, bringen Sie ihm einfach bei, das Mundstück des Strohhalms festzuhalten. Natürlich sollten Sie eine leere Getränkedose oder einen

leeren Becher verwenden, da der Hund nicht in der Lage ist, wirklich daraus zu trinken. Damit die Dose aber einen besseren Halt hat und nicht so leicht umkippt, können Sie Gel, das man zur Herstellung von Kerzen verwendet, hineinfüllen. Nach dem Erkalten ist das Kerzengel fest und beschwert so die Dose.

Gegenstände festhalten für Könner

Diese Variante ist nicht einfach: Der Hund soll lernen, mit dem Gegenstand im Maul andere Dinge zu tun. Zum Beispiel eine Zeitung im Maul halten und winken oder einen Ball im Maul behalten und gleichzeitig eine Rolle machen.

Dafür müssen beide Handlungen voneinander unabhängig absolut sicher beherrscht werden. Wählen Sie zunächst eine ganz einfache Handlung, wie zum Beispiel *Platz*. Lassen Sie den Hund zunächst sitzen, geben ihm dann den Gegenstand und das Kommando zum Halten und lassen Sie ihn dann ein *Platz* machen. Klappt es auf Anhieb, hat er sich einen Jackpot verdient. Lässt der Hund erst den Gegenstand fallen und macht dann *Platz*, versuchen Sie es noch mal: Geben Sie dem Hund den Gegenstand, und während Sie das Lautzeichen für das Festhalten geben, geben Sie gleichzeitig das Handzeichen für *Platz*.

Will es gar nicht klappen, versuchen Sie eine andere Handlung. Winken klappt oft gut; als schwierig hat sich Pfotegeben gezeigt, weil der Hund die ausgestreckte Hand in diesem Zusammenhang oft als In-die-Hand-Apportie-

ren missversteht und daraufhin den Gegenstand in die Hand fallen lässt.

Verzweifeln Sie nicht und üben Sie nicht zu häufig. Will es gar nicht klappen, machen Sie eine Woche Pause damit und versuchen Sie es erneut an einem Tag, an dem Ihr Hund Ihnen besonders „gut drauf" erscheint.

Wenn Sie einen Gegenstand und eine Handlung erfolgreich geschafft haben und der Erfolg reproduzierbar ist, ändern Sie die Gegebenheiten. Wechseln Sie zunächst die Gegenstände aus; funktioniert das gut, versuchen Sie auch andere Handlungen einzubauen.

Eine Blume im Maul zu halten und gleichzeitig in die Kamera zu winken … gar nicht so einfach.

Bereitwillig folgt Luise der Hand mit dem Leckerchen.

Gegenstände umrunden

Ein mehr als praktischer Trick, wenn man den Hund auf Kommando um Gegenstände herumschicken kann. Wer kennt nicht die Situation, dass man mit dem angeleinten Hund spazieren geht und der Hund leider die andere Seite des Laternenpfahls nimmt. In den allermeisten Fällen wickelt man also einmal die Leine um den Laternenpfahl zurück und geht dann weiter. Bei einer kurzen Leine und auf dem Bürgersteig ist das eine einfache Lösung, ist die Leine aber länger, wie zum Beispiel eine Schleppleine, ist es viel praktischer, wenn der Hund einfach zurücklaufen und den Laternenpfahl

oder Baum umrunden und sich so selbst entwirren kann.

Beginnen Sie mit einem sichtbaren kleinen Hindernis wie einer Pylone oder aber einer Getränkeflasche. Überlegen Sie sich zunächst nur eine Richtung, in der Sie den Hund um das Hindernis schicken wollen, mit oder gegen den Uhrzeigersinn. Ein Aufbau beider Richtungen ist sinnvoll, damit der Hund sich in der Praxis tatsächlich entwirren kann und die Leine nicht nur noch häufiger um den Baum wickelt. Hierfür sind dann auch zwei unterschiedliche Kommandos notwendig. Um sich eine Eselsbrücke zu bauen, kann man für das Umrunden im Uhrzeigersinn zum Beispiel das Kommando *Uhr* oder *Clock* wählen. Beginnen Sie jedoch nur mit einer Richtung; erst wenn der Hund das Kommando sicher beherrscht, bauen Sie die Gegenrichtung auf.

Stellen Sie sich zunächst mit dem Hund neben das Hindernis. Nehmen Sie ein Leckerchen und führen Sie den Hund mit dem Leckerchen um das Hindernis herum.

Bleiben Sie dabei jedoch auf Ihrem Platz stehen. Ist Ihr Hund es gewohnt, einem Target-Stab zu folgen, können Sie selbstverständlich auch diesen einsetzen. Jedes Mal wenn Ihr Hund den Scheitelpunkt der Umrundung nimmt, geben Sie das gewünschte Kommando dazu. Beginnen Sie dann vorsichtig den Abstand zwischen sich und dem Hindernis zu vergrößern. Zunächst nur einen halben Schritt, damit Sie den Hund immer noch gut führen können. Bauen Sie dann die Entfernung schrittchenweise aus. Hat der Hund ab einer bestimmten Entfernung Schwierigkeiten, um das Hindernis herum zu finden, gehen Sie einen

Allein umrunden ist auch ganz leicht.

Trainingsschritt zurück, in diesem Fall wieder so nah an das Hindernis heran, dass ein Umrunden problemlos wird. Üben Sie in dieser Entfernung eine Weile weiter, bevor Sie dann langsam wieder beginnen, die Entfernung zu vergrößern.

Dieser Trick lässt sich wunderbar draußen während des Spaziergangs üben; schicken Sie Ihren Hund um Bäume, Mülltonnen und Bänke herum. Beherrscht der Hund eine Seite ganz sicher auf Signal, können Sie beginnen, die andere Seite zu trainieren.

Rolle, und der Hund springt darüber

Eine athletische Glanzleistung von Hund und Halter. Während der Mensch eine Rolle vorwärts macht, springt der Hund über den Menschen. Am besten sieht das tatsächlich aus, wenn man eine Flugrolle beherrscht und der Hund groß und athletisch ist.

Fertig ausgeführt sollte es folgendermaßen aussehen: Hund und Halter stehen sich in einigen

In der Ausgangsposition …

Metern Entfernung gegenüber. Der Beginn der Übung *Rolle* wird zusammen mit dem nachher gewählten Kommando zum Auslöser für den Hund, loszulaufen. In dem Augenblick, in dem der Mensch in der Rollbewegung ist, springt der Hund über den Menschen.

Das ist Grundvoraussetzung: Der Hund muss gesund und ausgewachsen sein und über ein gutes Sprungvermögen verfügen. Der Mensch muss in der Lage sein, eine Rolle vorwärts ohne hektische, den Hund gefährdende Bewegungen auszuführen. Ist der letzte Turnunterricht schon einige Jahre her, üben Sie zunächst ohne den Hund die Rolle. Bedenken Sie, dass auch bei so einfachen Turnübungen für einen ungeübten Menschen ein Verletzungsrisiko besteht.

Können Sie die Rolle noch ohne Probleme bewältigen, üben Sie die Rolle mit ausgestreckten, abgewinkelten oder stark angezogenen Beinen. Machen Sie eine normale Rolle, besteht eine erhöhte Verletzungsgefahr für den Hund, wenn er mit Ihren Beinen kollidiert. Filmen Sie Ihre Rolle aus der seitlichen Perspektive, damit Sie sehen können, ob Sie abrupte Bewegungen machen oder aber während der Rolle noch mal den Po heben. Dies könnte zu einem Zusammenstoß mit dem Hund führen und ist unbedingt zu vermeiden.

Nun benötigen Sie eine Hilfsperson und eine Wiese, auf der Sie üben können. Turnmatten mögen zwar für den Menschen ausreichend sein, allerdings müssten sie groß genug

…und im Sprung über den Körper.

sein, dass auch der Hund nach dem Sprung darauf landen kann. Da die meisten Turnmatten viel kleiner sind, bietet sich ein Außentraining an.

Hocken Sie sich zunächst hin, den Kopf schon am Boden aufgesetzt. Die Hilfsperson positioniert nun den Hund vor Ihnen und ermuntert ihn mithilfe eines Leckerchens, über Ihren Rücken zu springen. Läuft der Hund immer wieder um Sie herum, ohne zu springen, dann benötigen Sie vielleicht eine zweite Hilfsperson, damit an jeder Ihrer Seiten eine Person steht. Kennt der Hund schon ein *Spring*-Kommando, vielleicht vom Sprung über das Bein, nutzen Sie dies. Sagen Sie in keinem Fall Kommandos, die normalerweise dazu führen, dass

der Hund irgendwo hinaufspringt (beispielsweise *Hopp* – für *Hopp, ins Auto*). Dies bedeutet rauf- und nicht überspringen. Für den Sprung über Sie, während Sie eine Rolle machen, möchten Sie aber nicht, dass der Hund Sie mit der Pfote berührt.

Überspringt der Hund Sie, wird er ausgiebig gelobt und belohnt, und Sie versuchen es sogleich noch mal. Klappt es weiterhin gut und der Hund springt über Sie, ohne Sie zu berühren, führen Sie ein Kommando wie zum Beispiel *Spring* ein.

Jetzt können Sie bei der nächsten Trainingseinheit den folgenden Schritt wagen. Wiederholen Sie erst den einfachen Übersprung. Gehen Sie danach dazu über, den Kopf nicht ganz

Jonny beherrscht das Zieh bereits und ist mit Feuereifer dabei.

abgesenkt zu halten, senken Sie ihn dann plötzlich ab, während die Hilfsperson gleichzeitig den Hund zum Sprung animiert. Üben Sie dies einige Male, bevor Sie noch ein wenig aufrechter beginnen. Machen Sie kleine Schritte, bis Sie sich beide gegenüberstehen und so beginnen. Springt der Hund absolut sicher über Sie hinweg, beginnen Sie, die komplette Rolle hinzuzufügen. Im Augenblick des Absprungs rollen Sie vorwärts. Diese erste „richtige Rolle" ist für den Menschen eine große Überwindung und sollte nur mit Hilfsperson gemacht werden, die den Absprungmoment des Hundes sicher ansagen kann.

Trainieren Sie Tricks, die Sprünge beinhalten, nicht zu häufig, sie sind belastend für den Bewegungsapparat des Hundes und sollten darum nicht übertrieben werden.

Wecker

Oft im Fernsehen zu sehen: Der Hund zieht einem Menschen die Bettdecke weg, um ihn zu wecken. Ideal auch, wenn Sie Kinder haben, die morgens schlecht aus den Federn kommen.

Auch hier ist wieder das Kommando *Zieh* für den Aufbau wichtig. Die Erklärung zum Aufbau des *Zieh* finden Sie im Anhang.

Außerdem essenziell für den Aufbau ist zu berücksichtigen, ob der Hund aufs Bett darf oder nicht. Für einen großen Hund ist es sicherlich kein Problem, vor dem Bett einen Deckenzipfel zu fassen und die Decke wegzuziehen. Ein kleiner Hund scheitert aber vielleicht schon daran, dass er selbst leichter ist als das Oberbett. Soll er nun von unten mit einem Zipfel die gesamte Decke bewegen, ist das nicht zu

So wird auch ein Langschläfer gern geweckt.

schaffen. Ohne Probleme kann er aber, wenn er auf dem Bett sitzt, einen Zipfel vom Kopfende fassen und diesen bis zur Bettmitte ziehen. Bedenken Sie bitte, dass die scharfen Zähne eines Hundes gutes und natürlich auch nicht so gutes Bettzeug beschädigen können. Im schlimmsten Fall nicht nur den Bezug, sondern vielleicht auch das Oberbett selbst.

Zeigen Sie dem Hund den Zipfel vom Oberbett und animieren Sie ihn mit dem Kommando *Zieh*, den Zipfel zu fassen und daran zu ziehen. Belohnen Sie sofort, auch wenn die Decke sich nur leicht anhebt und sich noch nicht wirklich vom Fleck bewegt. Die meisten unserer Hunde haben gelernt, nicht in unsere Decken zu beißen, und sind darum anfangs häufig recht zögerlich.

Schafft der Hund ein gutes Stück der Decke zu bewegen, geben Sie ihm einen Jackpot. Das

Kommando, zum Beispiel *Wecker*, geben Sie immer dann dazu, wenn der Hund kräftig zieht, damit er es mit der Aktion in Verbindung bringen und sich das Signalwort festigen kann.

Überraschen Sie bitte keine uneingeweihten Personen mit einer solchen morgendlichen Spontanshow. Jemand, der nicht damit rechnet und zudem noch schlaftrunken ist, könnte sich erschrecken oder im Affekt den Hund vom Bett stoßen.

In einer Kiste verstecken

Aus dem Trick *Aufräumen*, bei dem der Hund sein Spielzeug in eine Kiste räumt, ist das Verstecken in einer Kiste entstanden.

Ganz wichtig und unbedingt zu beachten ist, dass Sie eine Kiste mit einem ganz leichten

Zwei Pfoten in der Kiste.

Völlig relaxed wartet Emma in der Kiste ab, was nun passiert.

Deckel ohne scharfe Kanten verwenden. Die Kiste muss leicht zu schließen und zu öffnen sein und darf in keinem Fall dicht abschließen. Stellen Sie diese Kiste nach jedem Üben an einen Ort, an dem sie für den Hund nicht zugänglich ist, um zu verhindern, dass der Hund während Ihrer Abwesenheit in die Kiste geht und diese schließt.

Ich persönlich bevorzuge eine Stoffkiste, die man in der Kinderabteilung eines schwedischen Möbelhauses bekommt; sie ist klein zusammenlegbar, leicht, einfach zu öffnen und zu schließen und verfügt zusätzlich durch Netzeinsätze über ausreichende Luftzufuhr. Achten Sie darauf, dass die Kiste groß genug ist, damit Ihr Hund sich bequem hineinlegen kann.

Welche Kiste auch immer Sie wählen, machen Sie Ihren Hund gut damit vertraut. Lassen Sie ihn ausgiebig schnuppern, werfen Sie Leckerchen hinein und lassen Sie ihn diese herausfressen. Setzt er dazu freiwillig eine Pfote in die Kiste, belohnen Sie ihn mit einem extraguten Leckerchen.

Ermuntern Sie ihn, in die Kiste hineinzuspringen, aber lassen Sie ihn das Tempo wählen. Bitte setzen Sie ihn nicht einfach hinein, sondern geben Sie ihm die Möglichkeit, in einem Tempo, das er selbst bestimmt, voranzugehen. Sollte der Hund in der ersten Trainingseinheit noch nicht in die Kiste gehen, üben Sie am nächsten Tag weiter. Später die Kiste zu schließen und praktisch in einer geschlossenen Kiste zu liegen, erfordert, dass der Hund sich darin absolut wohlfühlt. Das erreicht man nicht durch Druck.

Um es dem Hund angenehmer zu machen, können Sie seine Lieblingsdecke hineinlegen und etwas Spielzeug, sodass die Kiste eine Art Körbchenersatz wird.

Springt der Hund schon in die Kiste hinein, lassen Sie ihn zunächst *Sitz* und dann *Platz* darin machen und belohnen Sie ihn jedes Mal dafür. Klappt das gut, können Sie einen weiteren Schritt wagen. Stellen Sie die Kiste an die Wand, der Deckel liegt angelehnt an die Wand. Lassen Sie den Hund in der Kiste *Platz* machen, hocken Sie sich so vor ihn, dass er Sie gut sehen

Ganz langsam senkt sich der Deckel. Emma bekommt zwischendurch immer Leckerchen.

An der Lasche zu ziehen ist kein Problem für Emma.

Kiste zu… fast.

und Sie ihn gut belohnen können. Bewegen Sie nun den Deckel wenige Zentimeter, während Sie den Hund weiter belohnen. Gut eignet sich hierfür eine Futtertube, aus der der Hund besondere Köstlichkeiten herausschlecken kann, während der Deckel sich zentimeterweise weiter schließt.

Gehen Sie auch hier ganz langsam voran. Haben Sie das Gefühl, Ihr Hund fühlt sich etwas unwohl, öffnen Sie den Deckel wieder. Danach beginnen Sie wieder von vorn und belohnen den Hund, während Sie den Deckel vorsichtig und langsam wieder absenken. Schließen Sie ihn nur so weit, wie Ihr Hund es gut tolerieren kann. Das können Sie von Trainingseinheit zu Trainingseinheit erweitern. Ist es so weit, dass Sie den Deckel ganz schließen können, halten Sie ihn nur ganz kurz geschlossen und belohnen den Hund anschließend sofort wieder mit besonderen Leckerchen. Klappt das ohne Probleme, ist der nächste Schritt, die Kiste etwas schneller zu schließen. Später, wenn er die Kiste selbst schließt, wird diese sich auch nicht langsam schließen, also ist eine Gewöhnung daran unumgänglich. Dies bauen Sie ebenso wie das Schließen der Kiste zuvor auf, nur dass Sie nun am Tempo arbeiten. Klappt auch das ohne Probleme, binden Sie einen Strick am Deckel der Kiste fest. Lassen Sie den Hund in der Kiste *Sitz* oder *Platz* machen. Kann der Hund bereits das Kommando *Zieh*, können Sie es nutzen und ihn am Strick ziehen lassen. Kann er dies noch nicht, nutzen Sie die Anleitung zum *Zieh* im Anhang.

Wenn der Hund die ersten Male selbst am Strick zieht und den Deckel dadurch in Bewegung setzt, belohnen Sie ihn, auch wenn der Deckel sich noch nicht merklich bewegt. Der Hund muss sich sicher sein, dass das der richtige Weg ist, und anfänglich wird er vermutlich noch zögerlich ziehen. Halten Sie trotzdem mit einer Hand den Deckel fest, damit er sich kontrolliert schließt. Zieht der Hund nun und der Deckel schließt sich (mit Ihrer Hand als Hilfe), loben Sie überschwänglich und geben Sie ihm einen Jackpot. Üben Sie weiter und lassen Sie bei jedem festen Ziehen am Strick zu, dass der Deckel sich immer schneller schließt. Achten Sie genau darauf, wie Ihr Hund sich dabei fühlt. Ist er freudig dabei, haben Sie einen tollen Trick erarbeitet. Haben Sie den Eindruck, dass er bei diesem Trick nicht so freudig dabei ist, pausieren Sie einige Wochen und versuchen Sie es dann noch mal. Macht er ihn trotzdem nur mit Widerwillen, suchen Sie sich lieber einen anderen Trick aus.

Erfahrungsgemäß mögen Hunde, die eine geschlossene Box für sich als Höhle und Rückzugsort auserkoren haben, diesen Trick deutlich lieber als Hunde, die keine Box kennen.

Vorsichtig wird Ronja mit der Rolle vertraut gemacht.

Rolle schieben

Für diesen Trick benötigen Sie je nach Größe des Hundes eine leere Kabelrolle oder eine Futtertonne. Mit einer Heißklebepistole kann man einen Teppichrest oder eine alte Isomatte um die Rolle kleben, so ist sie nicht mehr rutschig und bietet dem Hund mehr Halt. Der Hund sollte ausgewachsen sein und keine körperlichen Beeinträchtigungen haben.

Geben Sie dem Hund die Zeit, sich mit der Rolle vertraut zu machen. Lassen Sie ihn in Ruhe schnuppern und beginnen Sie, wenn er keinerlei Angst zeigt, die Tonne leicht hin und her zu bewegen. Ist Ihr Hund neugierig-interessiert, locken Sie ihn mit einem Leckerchen näher, und bestätigen Sie ihn, wenn er versuchen sollte, die Tonne mit der Pfote anzustupsen. Fixieren Sie die Tonne gut, sodass sie sich bei den ersten Kontakten mit dem Hund nicht

Bereitwillig bleibt Ronja auf der Rolle stehen.

Das Schieben hat die Hündin sehr schnell verstanden.

bewegen kann. Nehmen Sie ein gutes Leckerchen und halten es oberhalb der Tonne, sodass der Hund, um heranzukommen, die Pfoten auf die Tonne stellen muss. Tut er dies, belohnen Sie ihn sofort. Sollte er gleich die Pfoten wieder herunternehmen, nachdem er das Leckerchen gefressen hat, wiederholen Sie diese Übung einige Male. Bleibt der Hund erst mal abwartend mit den Vorderpfoten oben auf der Rolle, belohnen Sie dies unverzüglich mit weiteren Leckerchen.

Haben Sie diese ersten Schritte geübt und der Hund legt nun bereitwillig die Pfoten auf die Rolle, bewegen Sie diese zentimeterweise ganz langsam vor und zurück, während der Hund die Pfoten aufgelegt hat. Während dieser leichten Bewegungen bestätigen Sie ihn mit Leckerchen. Zeigt der Hund kein Unbehagen, können Sie den nächsten Schritt vorbereiten, das Schieben der Rolle mit den Vorderbeinen. Das klingt

einfacher, als es ist, denn es birgt beim genaueren Hinsehen Tücken. Versucht man den Hund mit dem Leckerchen in eine Vorwärtsbewegung zu locken und setzt er die Vorderpfoten (was wahrscheinlich ist) so, wie er es beim Vorwärtslaufen tun würde, rollt er die Rolle nach hinten. Er wird sich auf diese Weise von dem Leckerchen wegbewegen. Das korrekte Laufbild erfordert einige Übung vom Hund. Während er mit den Vorderbeinen die Bewegung des Rückwärtslaufens machen muss, um die Rolle nach vorn zu schieben, müssen die Hinterbeine vorwärtslaufen. Keine leichte koordinative Aufgabe, die einiges an Zeit braucht, bis sie sicher beherrscht wird. Geben Sie sich und dem Hund also ausreichend Zeit, sie zu erlernen.

Um das Nach-vorn-Rollen zu provozieren, gibt es verschiedene Möglichkeiten: Steht der Hund mit den Vorderbeinen aufgerichtet an der

Der kleine Pudelmischling ist sehr trittsicher und mutig.

Rolle, bewegen Sie diese kontrolliert und langsam nach vorn. Setzt der Hund dabei seine Pfoten ein und schiebt mit, belohnen Sie sofort und bei jedem Schritt, den der Hund so macht.

Eine andere Möglichkeit, die gut bei großen Hunden funktioniert, sich bei kleineren allerdings etwas schwieriger gestaltet: Der Hund steht mit den Vorderpfoten aufgerichtet an der Tonne, und man hält das Leckerchen so, dass es sich unmittelbar zwischen den Vorderpfoten

in Richtung Brustkorb befindet. So kann der Hund es besser sehen und erreichen. Die meisten Hunde machen auch im normalen Stehen einen Schritt rückwärts. Bietet der Hund jetzt an der Rolle stehend die gleiche Bewegung an und die Tonne bewegt sich dadurch nach vorn, belohnen Sie ihn sofort. Wenn Ihr Hund gelernt hat, einen Target-Stick zu berühren oder diesem zu folgen, können Sie diesen auch alternativ einsetzen. Dies ist besonders bei den kleineren Hunden von Vorteil, weil der Platz zwischen den Vorderbeinen natürlich auch viel kleiner ist und es umso schwieriger wird, das Leckerchen korrekt zu platzieren.

Eine tolle Variante, die allerdings eine Rolle von ausreichender Größe und einen sehr trittsicheren Hund erfordert, ist das Laufen auf der Rolle. Dies üben Sie am besten mit einer Hilfsperson, die die Rolle zu Beginn fixiert, damit Sie sich auf den Hund konzentrieren können. Animieren Sie den Hund mit einem Leckerchen, auf die Tonne zu springen. Hat Ihr Hund bereits gelernt, auf verschiedene Gegenstände zu springen, nutzen Sie dieses Kommando dafür. Seien Sie bereit, den Hund mit beiden Händen abzustützen, sollte er nicht sicher abgesprungen sein. Steht er mit allen vier Pfoten auf der Rolle, belohnen Sie zunächst nur das Stehen auf der Rolle ausgiebig. Wiederholen Sie die Übung einige Male.

Erst im nächsten Trainingsschritt und wenn der Hund sich im vorangegangenen Schritt wohl und sicher gefühlt hat, beginnen Sie, die Tonne ganz kontrolliert zu bewegen. Bewegen Sie sie zunächst so wenig, dass der Hund nur das Gewicht verlagern muss, um sich auszubalancieren. Belohnen Sie ihn während der gesamten Zeit, in der die Tonne sich vorsichtig bewegt. Üben Sie das einige Male und beobachten Sie Ihren Hund genau. Wenn er locker und entspannt dabei ist, können Sie die Tonne ganz langsam von Ihrer Hilfsperson vorwärtsbewegen lassen. Macht der Hund den ersten Schritt – Achtung, auch dieser muss rückwärts erfolgen, wenn die Tonne sich vorwärtsbewegt –, dann belohnen Sie sofort. Seien Sie stets bereit, Ihren Hund mit beiden Händen

aufzufangen für den Fall, dass er Unsicherheiten zeigt. Bis der Hund diesen Trick ganz allein und ohne Hilfe bewerkstelligen kann, werden vermutlich Monate vergehen. Überfordern Sie ihn hierbei nicht, stellen Sie sich vor, wie lange Sie benötigen würden, um sich auf einer solchen Tonne auszubalancieren und zu bewegen.

Mütze abnehmen

Der Hund zieht seinem Besitzer oder einer anderen Person Hut oder Kappe vom Kopf.

Sie sollten mit einer Kappe üben, an der Ihnen nicht allzu viel liegt; Hundesabber oder mal nicht so ganz zartfühlende Zähne sollten zunächst vorsichtig an einer alten Kappe ausprobiert werden. Zeigen Sie dem Hund die Kappe. Kann Ihr Hund auf Kommando Dinge aufnehmen, nutzen Sie das Kommando und lassen Sie ihn die Kappe nehmen. Oder kann er bereits das Kommando *Zieh*, dann lassen Sie sich die Kappe aus der Hand ziehen.

Kann er dies noch nicht, fangen Sie ganz vorsichtig an und bestätigen Sie zunächst jeden Nase-Kappen-Kontakt. Belohnen Sie dies so häufig, bis der Hund sicher verstanden hat, dass es um die Kappe geht. Beginnen Sie dann damit, die Belohnung hinauszuzögern. Setzt Ihr Hund dann – wenn vielleicht auch anfangs nur zögerlich – seine Zähne ein, bestätigen Sie ihn sofort. Auch diesen Schritt bestätigen Sie so lange, bis der Hund ihn sicher verknüpft hat. Nimmt der Hund ohne zu zögern die Kappe, belohnen Sie ihn mit einem Jackpot.

Setzen Sie nun die Kappe auf Ihre Hand und halten Sie diese so, dass der Hund noch gut heranreicht. Lassen Sie ihn wieder die Kappe nehmen und belohnen Sie ihn ausgiebig dafür. Um es ein wenig zu erleichtern, und damit die Kappe besser von der Hand rutscht, können Sie zu Beginn ruhig nachhelfen, indem Sie die Hand etwas kippen. Klappt das nach mehreren Wiederholungen problemlos, können Sie zum nächsten Schritt übergehen:

Setzen Sie sich die Kappe auf den Kopf. Stülpen Sie sie zu Anfang nur lose über und setzen Sie sich zu dem Hund auf den Boden, damit er es nicht zu schwer hat. Zieht er Ihnen nicht gleich die Kappe vom Kopf, nähern Sie sich wieder vorsichtig an. Hängen Sie die Kappe zunächst wieder über Ihre Hand und halten sie in einer Höhe, in der Ihr Hund sie immer problemlos genommen hat. Tasten Sie sich so langsam an Kopfhöhe heran, wohlgemerkt, während Sie immer noch auf dem Boden sitzen. Zieht der Hund Ihnen die Kappe vom Kopf, belohnen Sie ihn mit einem Jackpot. Üben Sie dies einige Male; klappt es weiter problemlos, können Sie mit der Einführung eines Signalwortes beginnen.

Natürlich wird kaum ein Hund, außer die besonders großen Rassen, während sie an Ihnen hochspringen, Ihnen im Stand die Kappe vom Kopf ziehen können. Um das Ganze nett zu präsentieren, können Sie sich aber unauffällig hinunterbeugen, indem Sie beispielsweise so tun, als müssten Sie sich die Schuhe zubinden.

Eine Variante, um es noch etwas interessanter zu machen, ist, dass der Hund auf Ihren Rücken springt, um Ihnen die Kappe vom Kopf zu ziehen. Dies kommt allerdings nur für ausgewachsene, gesunde Hunde infrage. Sollten bei Ihnen gesundheitliche Probleme im Rücken-

Vorsichtig fasst Pepper die Kappe am Schirm.

bereich bestehen, dann verzichten Sie auf diese Variante, ebenso wenn der Hund sehr groß und schwer ist.

Der Hund sollte bereits gelernt haben, sicher auf Ihren Rücken zu springen. Dies üben Sie mit zwei Hilfspersonen. Knien Sie sich zunächst auf alle viere, positionieren Sie jeweils eine Hilfsperson rechts und links von sich und den Hund hinter Ihnen. Einer der Helfer lockt nun den Hund mit einem Leckerchen zum Aufspringen auf den Rücken. Hierfür zeigt er dem Hund das Leckerchen und hält es dann ungefähr in Genickhöhe über Ihren Rücken. Springt der Hund nun auf, sollte er idealerweise mit den Vorderpfoten auf Höhe Ihrer Schulterblätter zu stehen kommen. Springt der Hund bereits auf Kommando auf andere Gegenstände oder zum

Schnell auf den Rücken gesprungen …

… und weg mit der Kappe.

Beispiel ins Auto, so können Sie auch dieses Kommando dafür nutzen.

Zeigt der Hund keine Trittunsicherheiten und fühlt er sich auf dem Rücken nicht unwohl, beginnt man damit, den Hund von hinten die Kappe vom Kopf ziehen zu lassen, wie er es zuvor ja schon gelernt hat. Mit der Kappe kann er dann vom Rücken hinunterspringen. Danach kann man nach und nach erst eine, dann beide Hilfspersonen abbauen.

Wählen Sie – wie bei allen Sprüngen – den Boden mit Bedacht. Er sollte weich und lochfrei sein, zum Beispiel eine Wiese oder Sanduntergrund. Üben Sie den Trick in Verbindung mit dem Rückensprung nicht zu häufig, um die Gelenke Ihres Hundes nicht unnötig zu belasten.

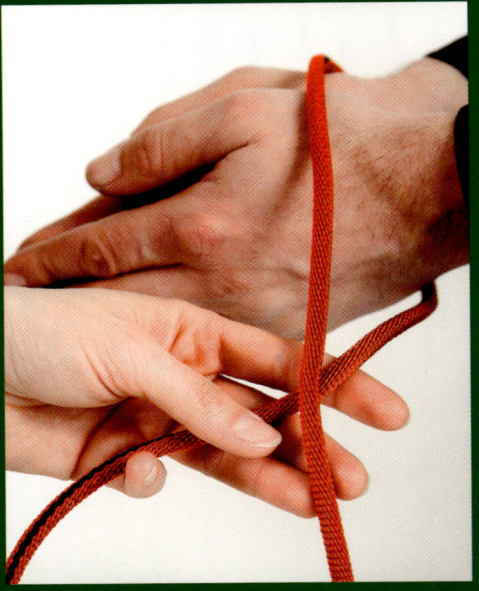

Legen Sie die beiden Seilenden wie abgebildet übereinander.

Knoten öffnen

Aus zahlreichen Filmen ist bekannt, dass Hunde nicht nur die Bösewichte fangen, sondern natürlich auch die Guten befreien. Prima also, wenn der Hund Fesseln lösen kann. Auch wenn es Hunde gibt, die einen richtigen Doppelknoten

Dieser Knoten lässt sich nun durch ganz leichten Zug am herunterhängenden Ende lösen. Achten Sie darauf, dass der Hund am richtigen Ende zieht; Ziehen am falschen Ende führt zu keinem Erfolg.

Bilden Sie mit dem oben liegenden Ende eine Schlaufe und führen Sie diese, wie bei einem Knoten, unter dem unten liegenden Seil hindurch.

Nehmen Sie das zuletzt genutzte Seilende wieder auf und bilden Sie eine Schlaufe.

mit einiger Übung lösen können, ist es leichter, mit einem speziellen Knoten zu arbeiten, dem sogenannten Panikknoten. Reiter werden diesen bereits kennen, eine einfache Knotentechnik, die einen festen Knoten garantiert, aber durch Zug an dem herabhängenden Ende ganz leicht zu öffnen ist. Folgen Sie der Fotoserie, um die richtige Knotentechnik zu erlernen.

Üben Sie zunächst erst ohne Knoten mit dem Seil und lassen Sie den Hund am Seil ziehen. Hat er das noch nie gemacht, können Sie es über ein Zerrspiel aufbauen. Bewegen Sie das Seil schnell von Ihrem Hund weg, lassen Sie es hüpfen und unvorhersehbare Bewegungen machen, damit Ihr Hund animiert wird, es zu fangen.

Fasst er das Seil, loben Sie ihn und lassen ihn daran ziehen und damit spielen. Wiederholen Sie das Spiel immer wieder, und jedes Mal wenn der Hund das Seil hat und daran zieht, sagen Sie *Zieh*, um das Kommando zu etablieren.

Kann Ihr Hund schon auf Kommando an Dingen ziehen, nutzen Sie das ruhig und lassen

Führen Sie die neu gebildete Schlaufe durch die zuvor gestaltete Schlaufe hindurch.

Ziehen Sie den Knoten fest.

Auch ein junger Hund kann schon ziehen lernen.

Sie sich das Seil einige Male aus den Händen ziehen. Halten Sie das Seil von Mal zu Mal etwas fester, sodass der Hund ein wenig Kraft aufwenden muss, um es Ihnen aus den Händen zu ziehen. Klappt das gut, sind Sie bereit für den Knoten. Knoten Sie das Seil zunächst nur an einen Pfosten und lassen Sie den Hund am richtigen Ende ziehen. Hat der Hund den Bogen raus, können Sie anfangen, Ihre Zuschauer zu fesseln.

Wenn Sie unsicher sind oder Sorge haben, vergessen zu können, welches das richtige Ende ist, knüpfen Sie an das eine Ende des Taus einen Knoten, sodass Sie immer wissen, an welchem Ende der Hund ziehen muss.

Nur der Vollständigkeit halber sei erwähnt, dass Sie mit einem solchen Knoten ab sofort nicht mehr Ihren Hund festbinden sollten.

Schon entfesselt.

Teppich ausrollen

Der Hund rollt einen Teppich aus. Ein sehr niedlicher Trick, vor allem wenn der Hund sich anschließend auf den ausgerollten Teppich legt. Nehmen Sie einen kleinen Läufer, den man gut einrollen kann. Legen Sie ihn ausgebreitet vor sich hin, nehmen Sie ein Leckerchen, legen Sie es an die Teppichkante einer kurzen Seite und schlagen Sie den Teppich ein.

Während Sie weiter den Teppich einrollen, bauen Sie alle drei bis vier Zentimeter ein Leckerchen in die Teppichrolle mit ein. Ist der Teppich fertig aufgerollt, platzieren Sie ein Leckerchen direkt so, dass der Hund beim Hervorholen des Leckerchens ein wenig an die Teppichrolle stößt. Auf diese Weise rollt er sich ein wenig ab, und das nächste Leckerchen wird sichtbar. Motivieren Sie den Hund, immer weiter nach den Leckerchen zu stöbern und damit den Teppich weiter aufzurollen. Achten Sie darauf, dass der Hund richtig steht, sodass der Teppich sich auch bewegen kann.

Üben Sie mit dem Teppich voller Leckerchen einige Male. Sie können dazu übergehen, dass das letzte Leckerchen, das am Ende des Teppichs aufgerollt wird, etwas besonders Gutes ist. Ist Ihr Hund mit Feuereifer dabei und hat auch schnell das Prinzip verstanden, vergrößern Sie die Abstände zwischen den Leckerchen, sodass er nun immer etwas mehr rollen muss, um an das nächste Leckerchen zu kommen. Klappt auch das wieder sicher, reduzieren Sie die Leckerchen allmählich, bis wirklich nur noch das letzte besondere Leckerchen am Ende übrig bleibt. Gehen Sie dazu über, den Hund, nachdem der Teppich ganz ausgerollt ist, ins

Mojito schaut gebannt zu, während die Leckerchen in den Teppich gerollt werden.

Platz auf den Teppich zu legen. Belohnen Sie auch hier wieder sofort mit einem Leckerchen. Es sind sicherlich einige Übungseinheiten nötig, bis der Hund von sich aus immer nach dem Ausrollen *Platz* auf dem Teppich macht, lohnt sich aber, weil es den ganzen Trick noch runder erscheinen lässt.

Vorsichtig gestupst, ist der Teppich rasch aufgerollt.

Wasser in den eigenen Napf zu füllen ist für Luca kein Problem.

Wasser zapfen

In der Serie „Boomer", der Streuner aus den Achtzigerjahren, gibt es eine Szene, in der der Hund sich eine leere Blechdose holt, diese vor eine große Tonne mit einem Hahn stellt, den Hahn öffnet und das Wasser in den darunterstehenden Becher laufen lässt.

Es gibt im Campingfachhandel die unterschiedlichsten Wasserkanister, manche mit einem Hebel, den man von der einen Seite zur anderen drehen muss, um den Wasserfluss zu öffnen, wie bei vielen Regentonnen; manche mit einer Art Zapfverschluss, auf den man drücken muss. Achten Sie darauf, dass es ein leicht-

gängiger Hebel, Hahn oder Pumpe ist, Sie sollten die Pumpe mit einem Finger öffnen können. Egal welchen Verschluss Sie zur Verfügung haben, stellen Sie zunächst sicher, dass der Hund sich mit dem Kanister vertraut machen kann. Wichtig dabei ist, dass der Hund auch das herauslaufende Wasser kennenlernt, selbst wenn Sie zunächst mit leerem Kanister üben wollen. Der Kanister muss einen stabilen Stand haben, halten Sie ihn trotz allem zusätzlich gut fest. Ein voller großer Kanister hat zwar ein hohes Eigengewicht, und der Hund wird ihn wahrscheinlich nicht mit der Schnauze umstoßen können, aber zu Anfang ist es praktischer, mit einem entleerten Kanister drinnen zu üben. Die Hahnvorrichtung sollte sich etwa in Nasenhöhe des Hundes befinden. Kennt Ihr Hund schon das Kommando *Stups*, können Sie dies nutzen, um ihn mit der Nase gegen den Hebel drücken zu lassen. Kann er es noch nicht, bestätigen Sie jeden Nase-Hebelregion-Kontakt mit Lob und Leckerchen. Halten Sie den Kanister etwas lockerer, damit Sie gut spüren, wann der Hund anfängt zu drücken. Das darf am Anfang noch ganz zaghaft sein, wichtig ist nur, dass Sie diese Ansätze gleich bestätigen.

Haben Sie einen Kanister mit Zapfverschluss, sollten Sie diesen etwas tiefer stellen, den Hahn etwa auf Kniehöhe des Hundes. Da der Hund hier seine Pfote einsetzen muss, um die Zapfvorrichtung in Gang zu setzen, müssen Sie jeden Pfoten-Hahn-Kontakt sofort bestätigen. Hat Ihr Hund bereits gelernt, Dinge auf Kommando mit der Pfote zu berühren, können Sie das nutzen. Sonst halten Sie zunächst Ihre Hand unter die Zapfvorrichtung und fordern den Hund auf, Ihnen die Pfote zu geben. Berührt er dabei den Hahn, loben Sie ihn überschwänglich und wiederholen die Übung einige Male. Bauen Sie dabei den Einsatz der Hand immer weiter ab, indem Sie sie immer weiter zurücknehmen. Dadurch wird die Auflagefläche der Hand immer kleiner, und der Hund kommt beim Versuch, die Pfote auf der Hand abzulegen, immer auf den Hahn. Drückt der Hund nun ohne Hilfe der Hand auf den Hahn, ist das einen Jackpot wert.

Nun gilt es darauf zu achten, dass sich der Hebel immer weiter bewegt. Praktisch ist, wenn Sie wissen, ab welcher Hebelstellung das Wasser tatsächlich anfängt zu laufen. Ist diese Marke erreicht, füllen Sie Wasser in den Kanister und üben dann an einem Ort weiter, der nass werden darf. Badezimmer eignen sich in den meisten Fällen nicht wirklich gut, da viele Hunde den Hall nicht mögen und eventuell auch schon unangenehme Erfahrungen mit dem Baden gemacht haben. Draußen im Garten ist eine gute Alternative. Betätigen Sie zunächst selbst den Hahn, um den Hund noch mal mit dem laufenden Wasser vertraut zu machen. Wiederholen Sie dann die Übungen, die der Hund schon von drinnen kennt. Bestätigen Sie den Hund, wenn er sogleich wieder mit Nase oder Pfote zu drücken beginnt, selbst wenn noch kein Wasser austritt. Unter Umständen geht der Hebel nun etwas schwerer, außerdem ist draußen zu üben schon wieder ein neuer Trainingsschritt. Kommt dann tatsächlich das erste Wasser, belohnen Sie den Hund mit einem Jackpot. Wiederholt der Hund immer wieder bereitwillig das Betätigen des Hebels, geben Sie ein Kommando nach Wahl dazu, vielleicht *Durst*. Dann kann der Hund später auf die „Frage"

„Hast du Durst?" loslaufen und den Hahn öffnen. Es wirkt dann so, als könne der Hund die Frage verstehen, tatsächlich haben Sie aber nur das Kommando geschickt verpackt.

Glocke läuten

Der Hund läutet eine Glocke. Es gibt viele Glocken, Schiffsglocken oder Eingangsglocken an Gärten, die mithilfe eines am Klöppel befestigten Bandes zum Läuten gebracht werden. Kann Ihr Hund schon auf Kommando ziehen, können Sie das Kommando nutzen, um so schnell zum Ziel zu kommen. Zieht der Hund mit Schwung am Seil, wird die Glocke ertönen. Kann Ihr Hund dies noch nicht, üben Sie zunächst nur mit dem Seil. Nehmen Sie es locker in die Hand und ermutigen Sie den Hund, das Seil zu nehmen. Bestätigen Sie zunächst jeden noch so zaghaften Versuch. Macht Ihr Hund

Die schwer kranke Joyce hat große Freude am Tricksen. An einem Seil ziehen kann sie noch ohne Probleme.

*Nun am Glockenband zu ziehen
ist für sie kein großer Unterschied.*

um den Klöppel wickeln, sodass nur ein gedämpfter Ton zu hören ist. Nun ermuntern Sie den Hund, wie zuvor am Seil zu ziehen. Bestätigen Sie ihn sofort, auch wenn er am Anfang nur ganz zaghaft zieht, schließlich ist die Situation wieder neu für ihn.

Zieht er so, dass Sie schon einen gedämpften Ton hören, bestätigen Sie ihn sofort mit einem Jackpot. Das Papiertaschentuch um den Klöppel können Sie nach und nach Schicht um Schicht abbauen.

Sprechen

Zugegeben, nicht jeder Hund kann „sprechen", und auch nicht jeder Hund kann es lernen. Hat man aber einen Hund, der sich gern äußert, durch Grunz- oder ähnliche Laute, kann man es zumindest versuchen. Wichtig ist, dass Sie genau beobachten, wann Ihr Hund seine Stimme einsetzt. Manche Hunde tun das, wenn sie genüsslich gekrabbelt werden und sich so richtig wohlfühlen. Manche Hunde haben auch schon eine Abwandlung des Bellens auf Kommando gelernt, das leise Bellen, auch das kann man weiter bestätigen.

Eine andere gute Möglichkeit ist, zunächst das Öffnen und Schließen des Maules zu bestätigen. Hierfür ist es am besten, wenn Sie bereits klickern. So feine und schnelle Bewegungen wie das Öffnen und Schließen des Maules herauszuschleifen erfordert eine sehr punktgenaue Bestätigung, und die ist in diesem Fall am besten mit dem Clicker möglich. Um eine erste Auf-und-zu-Bewegung zu provozieren, können Sie Ihrem Hund ein Leckerchen hinhalten, und

gern Zerrspiele, können Sie das Ziehen auch über das Zerren aufbauen. Jedes Mal, wenn der Hund das Seil fasst und daran zieht lassen Sie es sich aus den Händen ziehen und geben gleichzeitig das Kommando *Zieh* dazu. Bestätigen Sie ihn dafür und beginnen Sie die Position des Seiles zu variieren; sobald der Hund die Glocke läuten soll, muss er daran ziehen, wenn es herunterhängt.

Zieht Ihr Hund auch ohne Probleme am Seil, wenn es herunterhängt, befestigen Sie es wieder an der Glocke. Damit der Hund sich nicht erschreckt, sobald das Läuten der Glocke ertönt, kann man zum Beispiel ein Papiertaschentuch

sobald er das Maul öffnet, um es zu fressen, nehmen Sie Ihre Hand ein kleines Stück wieder zurück. Wenn der Hund in diesem Augenblick das Maul wieder schließt, bestätigen Sie ihn sofort. Wiederholen Sie das einige Male. Achten Sie darauf, dass der Hund immer eine gute Chance hat, wirklich auch für sein Verhalten belohnt zu werden. Ist er nur gefrustet, weil er nicht an das Leckerchen kommt, weil vielleicht das Timing nicht richtig stimmt, wird er zu keinem Erfolg kommen, und es ist keine entspannte Lernatmosphäre mehr für ihn. Dann versuchen Sie lieber einen anderen Trick, der ihm mehr liegt.

Klappt es gut und der Hund lernt recht schnell, das Maul zu öffnen und zu schließen, sollten Sie hierfür schon ein Kommando ein-

führen. Ein Sichtzeichen lässt sich gut aus dem Halten des Leckerchens zwischen Daumen und Fingern abwandeln, das Auf-und-ab-Winken der gestreckten Finger wird ja ohnehin auch zwischen Menschen schon mal gezeigt, um anzudeuten, dass jemand gern erzählt. Das Lautkommando könnte zum Beispiel *Flüstern* sein. Auch das ist für sich stehend schon ein toller Trick, wenn Sie sich von dem Hund ein Geheimnis ins Ohr flüstern lassen.

Ist ein Signal für das Flüstern eingeführt, kann man versuchen, den Hund zum weiteren Sprechen zu animieren. Bei mitteilsamen Hunden reicht es unter Umständen schon aus, wenn man die Belohnung für das Flüstern ein wenig hinauszögert. Es gibt Hunde, die recht schnell einen leisen, röhrenden Ton von sich geben,

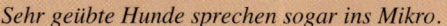

Sehr geübte Hunde sprechen sogar ins Mikro.

wenn sie nicht genau weiterwissen. Sobald nur ein kleiner Ton zu hören ist, bestätigen Sie ihn sofort.

Meine Hündin Scully äußerte gern ein „Maaa". Dies bot sie häufig in einer Reihe an, also „Maaamaaamaaamaaa". Ich bin dazu übergegangen, jeweils nach zwei „Silben", also nach „Maaamaaa", zu bestätigen. Daraus ist ein tolles „Mama" geworden.

Bemüht man das Internet um Hilfe, finden sich die tollsten Sachen, die Hunde sagen; einer meiner ganz persönlichen Favoriten ist der Hund, der „Huuungaaar" sagt.

Sie sehen, der Fantasie sind keine Grenzen gesetzt. Und wenn es nicht klappt – auch nicht schlimm, der Loriot-Hund konnte schließlich auch nicht sprechen.

Interessiert verfolgt Sam, was da vorn in die Hupe gesteckt wird.

Hupen

Fast ein Trick für „jederhund". Sie benötigen eine Fahrradhupe. Sehr günstig gibt es diese aus Plastik in Ein-Euro-Läden und sogar recht stabil. Achten Sie darauf, dass man nur wenig Druck aufwenden muss, um einen Ton zu bekommen. Diese Hupen sind sehr unterschiedlich; die mit den weicheren Gummibalgen geben meist deutlich schneller einen Ton ab.

Es gibt verschiedene Möglichkeiten, wie ein Hund die Hupe betätigen kann. Eine Möglichkeit ist, er nimmt den Gummiball ins Maul, beißt darauf und löst so den Ton aus, oder er drückt fest mit der Nase dagegen, oder er setzt seine Pfote ein und hupt durch Darauftreten.

Setzt Ihr Hund gern die Pfote ein, würde ich diese Variante versuchen; nimmt er sofort alles ins Maul, diese. Die Fahrradhupen haben eine Schelle und sind so gut an verschiedenen Gegenständen zu befestigen. Alternativ können Sie diese natürlich auch in der Hand halten.

Stopfen Sie zu Anfang ein Taschentuch vorn in die Hupe und drücken Sie die Hupe, damit Sie sehen können, wie Ihr Hund darauf reagiert. Er sollte sich in keinem Fall davor erschrecken.

Beim Hupen mit dem Maul und durch Drücken mit der Nase bestätigen Sie den Hund sofort beim ersten Kontakt von Nase und Hupe. Nähert Ihr Hund sich nicht von sich aus der Hupe, können Sie etwas Wurst an den Gummibalg reiben. Riecht der Hund dann daran, können Sie ihn sofort bestätigen. Bestätigen Sie jeden weiteren Nase-Hupe-Kontakt, bis der Hund sicher verstanden hat, dass es sich lohnt, sich damit näher zu beschäftigen. Nun warten Sie etwas länger und schauen, ob der Hund sich noch intensiver damit beschäftigt.

Beißt der Hund auf den Gummibalg, ertönt ein erstes Hupen.

Es gibt auch Hunde, die mehrere Varianten beherrschen.

Öffnet er das Maul, um die Hupe zu beknabbern, oder drückt er fester dagegen, loben und bestätigen Sie wieder sofort. Sobald der erste Ton zu hören ist, auch wenn es nur ein entfernt zu erahnendes Hupen ist, geben Sie dem Hund einen Jackpot. Schafft der Hund es immer häufiger, der Hupe einen Ton zu entlocken, gehen Sie dazu über, nur noch dann zu bestätigen, wenn tatsächlich ein Ton ertönt.

Ist Ihr Hund eher ein Pfotenarbeiter und nimmt nicht so gern Dinge ins Maul, ist eine andere mögliche Variante, dass er mit der Pfote die Hupe zum Hupen bringt. Hierfür montieren Sie die Hupe in einer Höhe, die ungefähr der Kniehöhe Ihres Hundes entspricht.

Kann Ihr Hund bereits das Kommando *Touch*, können Sie es gut einsetzen, um einen ersten Pfote-Hupe-Kontakt zu bestätigen. Kann Ihr Hund das noch nicht, kann aber Pfötchen geben, dann halten Sie Ihre Hand unterhalb des Gummibalgs ausgestreckt, als ob Sie ihn auffordern würden, die Pfote zu geben. Berührt der Hund nun mit der Pfote die Hupe, bestätigen Sie ihn sofort. Er muss noch nicht so fest drücken, dass ein Ton zu hören ist, für den Anfang reicht die leichte Berührung. Wiederholen Sie dies einige Male und beginnen dann, die untergehaltene Hand auszuschleichen. Lag der Gummibalg zu Anfang mittig auf der Hand auf, bewegen Sie nun von Mal zu Mal die Hand etwas weiter zurück, bis er am Fingergrundgelenk, Fingermittelgelenk bis zu den Fingerspitzen gewandert ist. Berührt der Hund weiterhin brav den Gummibalg, belohnen Sie ihn mit etwas besonders Gutem, er hat den schwierigen Sprung verstanden. Wenn nun keine stützende Hand mehr unterhalb des Gummibalgs liegt, gibt dieser einer daraufliegenden Hundepfote sehr leicht nach. Ertönt der erste Ton, belohnen Sie mit einem Jackpot. Als Kommando eignet sich zum Beispiel *Hupe* oder *Trööt*.

Ein Stückchen Käse im Gesicht …

… wird rasch „weggeküsst".

Küsschen geben

Auf Kommando küsst der Hund auf die Wange; es ist immer wieder niedlich anzusehen, wenn der Hund seinem Menschen ein vermeintliches Küsschen gibt. Ideal ist es, wenn Ihr Hund vielleicht schon das Kommando *Stups* beherrscht, also das Anstoßen eines Gegenstandes mit der Nase. So ist es natürlich relativ leicht, ihn dazu zu bringen, Ihnen auf die Wange zu stupsen. Das Kommando *Stups* ist im Anhang erklärt.

Eine andere Möglichkeit ist, einen Klecks Leberwurst oder etwas Käse auf die Wange zu streichen. Der Hund wird die leckeren Dinge allerdings vermutlich ablecken wollen, es wird also immer ein Zungenküsschen sein. Wem das nichts ausmacht, der kann diese Variante wählen. Immer belohnen und freuen, in dem Augenblick, in dem der Hund dazu ansetzt, loszuküssen.

Nehmen Sie wirklich nur ein winziges bisschen Leberwurst, und – wenn es gut klappt – gehen Sie rasch dazu über, nur noch so zu tun, als ob Sie wieder Leberwurst auftragen würden. Streckt der Hund dann gleich wieder die Nase aus, um die Leckereien abzulecken, loben Sie ihn sofort, wenn die Nase die Wange berührt, und belohnen ihn mit einem Leckerchen.

Würste apportieren

Verschiedene Gegenstände zu apportieren ist toll, wirklich schwierig wird es aber bei Lebensmitteln, besonders dann, wenn es etwas sehr Wohlschmeckendes ist. Dies ist außerdem einer der ganz wenigen Tricks, bei denen Sie Ihren Hund vor dem Üben schon gefüttert haben sollten.

Ihr Hund sollte bereits sicher apportieren können, bevor Sie mit diesem Trick beginnen. Holen Sie nicht gleich die besten Würste zum Apportieren aus dem Kühlschrank, das wäre für den Anfang wirklich zu verführerisch. Besorgen Sie sich die absoluten Lieblingsleckerchen Ihres Hundes. Versuchen Sie gekochte Hühnerherzchen, Hühnerfleisch im Allgemeinen, Raclettekäse – was auch immer Ihr Hund als Superbelohnung empfindet.

Beginnen Sie mit einem nicht ganz so attraktiven Lebensmittel, am besten mit einem trockenen Brötchen. Lassen Sie den Hund neben sich sitzen. Er sollte mitbekommen, dass Sie etwas besonders Gutes zu fressen für ihn haben, etwa indem Sie ihm für das *Sitz* neben Ihnen einen tollen Happen zustecken. Legen Sie nun das Brötchen auf den Boden und ermuntern Sie Ihren Hund, es aufzunehmen.

Sobald er es im Maul hat, platzieren Sie Ihre Hand unter dem Kinn Ihres Hundes, um das Brötchen in Empfang nehmen zu können. Mit der anderen Hand halten Sie ihm das gute Leckerchen vor die Nase, und in dem Augenblick, in dem der Hund das Brötchen in Ihre bereitgestellte Hand fallen lässt, geben Sie dem Hund den guten Leckerbissen. Nach mehrmaligem Üben, wenn Sie sich sicher werden, dass der

Zu Beginn tauschen Sie schnell gegen etwas besonders Gutes.

Mit ein wenig Übung fällt das Festhalten eines Brötchens schon ganz leicht.

Ja, es ist tatsächlich eine echte Wurst.

Etwas nach dem Festhalten auch wieder auszuspucken ist fast noch schwieriger.

Hund das Brötchen bereitwillig gegen das tolle Leckerchen tauschen will, können Sie damit beginnen, das Brötchen immer ein Stückchen weiter wegzulegen. Führen Sie ein Kommando für das In-die-Hand-Geben ein, zum Beispiel *Gib's he*r, das Sie immer in dem Augenblick sagen, in dem der Hund das Brötchen in Ihre Hand auslässt. Kann Ihr Hund bereits in die Hand apportieren, nutzen Sie dieses Kommando ruhig dafür.

Wann immer Sie die Möglichkeit haben, mit unterschiedlichen Lebensmitteln zu üben, weil Sie zum Beispiel gerade Möhren schälen, nutzen Sie diese. Klappt es immer gut und Ihr Hund begreift, dass es sich viel mehr lohnt, Essbares abzugeben, weil man dafür mit echten Köstlichkeiten belohnt wird, können Sie die Anforderungen wieder steigern. Nehmen Sie nun wieder ein Brötchen und streichen Sie Schmierwurst auf. Achtung, diese riecht extrem verführerisch, das sollten Sie mit Ihrem Superleckerchen zum Tauschen noch toppen können, vielleicht mit Schmierwurst aus der Futtertube. Gehen Sie sicher, dass der Hund nicht mit dem Brötchen verschwinden kann; machen Sie zur Absicherung einfach eine Leine ans Geschirr. Verfahren Sie wieder in kleinen Schritten; selbst wenn Ihr Hund andere Lebensmittel aus weiterer Entfernung bereits apportieren kann, beginnen Sie hier wieder zu Ihren Füßen und tasten sich langsam an eine größere Entfernung ran. Klappt das gut, sind Sie reif für den finalen Schritt:

Es geht um die Wurst. Nehmen Sie eine Bockwurst und waschen Sie diese unter laufendem Wasser gut ab. Natürlich riecht sie danach für den Hund immer noch verführerisch, aber zumindest saftet es nicht gleich auf die Zunge. Sie sollten sich absolut sicher sein, dass Ihr Superleckerchen für den Hund noch attraktiver ist, in Ausnahmefällen kann man auch schon mal zu Katzennassfutter greifen, das sollte nur nicht zur Regel werden. Legen Sie nun die Wurst auf den Boden und geben Sie Ihrem Hund das mittlerweile eingeführte Kommando für In-die-Hand-Geben. Halten Sie ihm sofort das Superleckerchen zum Tausch unter die Nase. Klappt es und der Hund lässt die Wurst sofort los, geben Sie ihm einen Jackpot und hören Sie mit diesem tollen Ergebnis für dieses Mal auf zu üben.

Bis der Hund eine Wurst über eine größere Strecke sicher apportiert, ohne dass nachher ein Stück fehlt, wird es eine Weile dauern, es ist die Mühe aber auf jeden Fall wert.

Rechnen

Der Hund löst Rechenaufgaben und bellt die Lösung. Die Lösungen sollten im Bereich unter 10 liegen, sonst verzählt man sich rasch beim Bellen, oder die Zuschauer können nicht mehr folgen. Außerdem müssen Sie sehr schnell und sicher im Kopfrechnen sein und bei Aufgaben wie 327 minus 319 die Lösung sofort im Kopf haben, denn es ist ja alles nur ein Trick.

Zuerst muss der Hund also das Bellen auf Kommando lernen. Das ist bei bellfreudigen Hunden recht leicht, bei Hunden, die von sich aus nur sehr selten bellen, ungleich schwerer. In keinem Fall dürfen Sie das Bellen Ihres Hundes bestätigen, wenn er den Nachbarhund oder andere Menschen ankläfft. Hierbei würden Sie den Hund in seinem derzeitigen Verhalten bestätigen und dieses unerwünschte Verhalten noch verstärken. Also müssen Sie eine Situation schaffen, in der der Hund bellen darf. Nehmen Sie sich ein Spielzeug, das Ihr Hund sehr mag, und spielen Sie damit. Werfen Sie es hoch, jauchzen Sie, rennen Sie unvermittelt los, werfen Sie es wieder hoch, aber geben Sie es nicht Ihrem Hund. Zeigen Sie es ihm zwischendurch und spielen dann weiter. Je nach Temperament des Hundes wird er früher oder später bellen, um auf sich aufmerksam zu machen. Belohnen Sie dieses Bellen sofort, und zwar mit dem jetzt gerade so begehrten Spielobjekt. Lassen Sie den Hund kurz damit spielen und beginnen dann wieder von vorn.

Wiederholen Sie die Übung mehrfach. Sind Sie sicher, dass der Hund wieder bellen wird, geben Sie das Kommando hinzu, in dem Augenblick, in dem der Hund zu bellen beginnt. Sobald das Bellen unter Signalkontrolle steht (das heißt, der Hund bellt immer dann, wenn Sie das Kommando geben), belohnen Sie nicht mehr, wenn der Hund Sie ohne Aufforderung anbellt. Schließlich möchten Sie keinen Hund, der Sie ständig ankläfft, um etwas zu erreichen. Bellt er trotzdem weiter, wenden Sie sich ab und beachten ihn nicht. Verstummt das Bellen, drehen Sie sich sofort wieder um und loben Sie ihn. Gleichzeitig empfiehlt es sich, dann ein weiteres Kommando für das Aufhören des Bellens zu etablieren, vielleicht *Ruhe* oder *Still*.

Bellen auf Kommando, aber mit deutlich sichtbarem Handzeichen.

Erst wenn die Tafel wieder heruntergenommen wird, hört der Hund mit dem Bellen auf.

Kann Ihr Hund schon auf Kommando bellen, müssen Sie nun ein unauffälliges Sichtzeichen geben, denn sonst wirkt der ganze Trick ja unfreiwillig komisch.

Eine gute Variante eines Sichtzeichens ist das Hochhalten der Hand. Sobald Sie die Hand hochhalten, beginnt der Hund mit dem Bellen; sobald Sie Ihre Hand absenken, hört er auf. Es wirkt jetzt allerdings immer noch so, als gäben Sie dem Hund ein Zeichen. Das können Sie ändern, indem Sie eine kleine Schiefertafel oder einen Block zu Hilfe nehmen. Die Rechenaufgabe schreiben Sie darauf und heben dann die Tafel mit der Aufgabe hoch, vermeintlich, damit der Hund sie besser sehen kann.

So bekommt der Hund unauffällig sein Signal, und sobald die richtige Lösung erreicht ist, senken Sie die Tafel ab, um ihm zu applaudieren oder ihn zu streicheln. Vertut Ihr Hund sich, und bellt zu schnell oder Sie haben sich verrechnet, kaschieren Sie das Ganze mit lustigen Ideen. Erklären Sie, dass Ihr Hund schwach in Mathe sei und manchmal ein bisschen Hilfe brauche. Schreiben Sie dann einfach die Lösung mit auf die Tafel und halten sie wieder hoch. Klappt es diesmal, können Sie damit punkten, dass Ihr Hund vielleicht nicht rechnen, anscheinend ja aber lesen kann. Ist es wieder falsch, was vorkommen kann, wenn Sie sehr nervös sind oder den Trick zum ersten Mal vor Publikum zeigen und der Hund diese Situation nicht kennt, dann zucken Sie mit den Schultern und erzählen Ihren Zuschauern, dass er anscheinend im Lesen noch schlechter sei als im Rechnen. So haben Sie die Lacher und Sympathien auf Ihrer Seite, wenn auch die korrekte Lösung das eigentliche Ziel war.

Darf es noch ein wenig spektakulärer sein? David Copperfield hat es mit Millionen von Zuschauern live am Fernsehschirm gemacht: Man denkt sich eine Zahl, zählt etwas hinzu, zieht etwas ab, und er weiß die korrekte Antwort. Ganz so kompliziert ist das nicht, es gibt relativ einfache Rechenspiele, mit denen es gut funktioniert. Dies ist ideal, wenn Sie schlecht im Kopfrechnen sind; es gibt nämlich immer nur eine Lösung, Sie müssen sich nur die richtige Reihenfolge von Addition und Subtraktion merken. So kann Ihr Hund nicht nur rechnen, sondern zaubern. Im Idealfall haben Sie eine Flipchart, an der ein Zuschauer schreiben und rechnen kann, oder einen großen Block, damit man die Zahlen gut lesen kann. Außerdem benötigen Sie neben einem dick schreibenden Stift noch einen Umschlag, in den der Zuschauer sein Rechenblatt hineingibt. Bitten Sie einen Zuschauer, sich eine Zahl zwischen 1 und 100 zu denken und aufzuschreiben, aber so, dass der Hund es nicht sehen kann (am besten auch so, dass Sie es nicht sehen können, denn jeder Zuschauer glaubt ja ohnehin, dass Sie dem Hund das Zeichen zum Bellen geben). Hat der Zuschauer sich eine Zahl ausgedacht, soll er sie mit 2 malnehmen. Hat er also an die 25 gedacht, rechnet er 25 mal 2 und schreibt die Lösung 50 auch wieder mit auf das Blatt. Jetzt soll er 20 hinzuzählen. Um es noch etwas spektakulärer zu machen, lassen Sie sich diese Zahl vom Hund zuflüstern. Natürlich flüstert er nicht wirklich, aber es wird so aussehen und macht das Ganze noch unterhaltsamer. Wie das geht, lesen Sie unter dem Kapitel „Küsschen geben" nach. Ihr Zuschauer rechnet also 50 + 20. Dieses Ergebnis soll er durch 2 teilen und 3 addieren und danach die Zahl, an die er zuerst gedacht hat, von der Lösung abziehen. $70 : 2 = 35 + 3 = 38 - 25 = 13$. Aus dieser Lösung soll nun die Quersumme gebildet werden, also $1 + 3 = 4$. Die 4 steht jetzt als Lösung auf dem Blatt, das weder Sie noch Ihr Hund bis dahin gesehen haben. Dann drehen Sie sich um und bitten Ihren Zuschauer, den Umschlag zu verschließen und Ihnen auszuhändigen. Lassen Sie Ihren Hund daran riechen, halten Sie den Umschlag danach in die Höhe – Sie erinnern sich, das war das Zeichen zu bellen –, und nehmen Sie nach viermal Bellen den Arm wieder herunter. Alternativ können Sie bei diesem Trick auch mit Moosgummizahlen arbeiten. Besorgen Sie hierfür große Zahlen von 0 bis 9, die Sie meist gut in Geschäften für Kinderspielzeug bekommen. Auch Würfel mit Zahlen oder Ähnliches sind eine gute Idee. Präparieren Sie die 4 mit einem Duftstoff und lassen Sie sich diese 4 immer wieder bringen. Als Kennwort für die 4 wählen Sie ein Wort wie *Lösung*. So können Sie dem Hund auf der Bühne sagen: „Wie heißt die Lösung?", und geben ihm so vor aller Augen unbemerkt das Kommando, die 4 zu holen. Wichtig ist nur, dass Sie die 4 von den anderen Zahlen getrennt aufbewahren, um eine Duftübertragung zu verhindern. Wenn das nicht ein echter Zaubertrick ist!

Wäsche abnehmen

Der Hund nimmt Wäsche vom Wäscheständer ab und räumt sie idealerweise noch in den Wäschekorb.

Für diesen Trick brauchen Sie einen Wäscheständer, der der Größe des Hundes angepasst ist. Bei großen Hunden können Sie mit Ihrem

Das Aufräumen der Socke ist kein Problem für Luke.

normalen Wäscheständer arbeiten, bei kleineren ist ein Puppenwäscheständer gerade richtig. Genau wie beim Wäscheständer wählen Sie auch den Wäschekorb entsprechend der Größe Ihres Hundes. Ideal ist es, wenn der Rand des Korbes ungefähr bis zur Brusthöhe des Hundes geht.

Um die Handlungskette – Wäsche abnehmen und in den Korb räumen – möglichst sicher aufzubauen, beginnen Sie mit der letzten Aktion, die gezeigt wird, dem Einräumen der Wäsche in den Korb. Hierfür sollte der Hund in jedem Fall schon sicher apportieren können. Setzen Sie sich gemütlich auf den Boden, stellen Sie den Korb frontal vor sich, und davor legen Sie das Wäschestück, das der Hund einräumen soll. Entscheiden Sie sich am besten für ein einfaches, leichtes, nicht zu großes Stück, vielleicht eine Wollsocke. Der Korb sollte am Anfang der Übung immer zwischen Ihnen und dem Hund stehen, da viele Hunde schon gelernt haben, die verschiedensten Dinge zu ihrem Menschen zu bringen.

Ermuntern Sie nun den Hund, Ihnen die Socke zu bringen. Gibt Ihr Hund normalerweise das Apportel in die Hand, strecken Sie die Hand nach der Socke aus. Wenn der Hund über dem Korb steht, ziehen sie jedoch rasch zurück, sobald der Hund den Fang öffnet. Fällt die Socke nun in die Kiste, loben Sie überschwänglich und belohnen Sie Ihren Hund. Apportiert Ihr Hund nicht in die Hand, sondern spuckt Ihnen das Gebrachte nur vor die Füße, ist es fast noch einfacher: Halten Sie eine Hand am Korb, damit Sie ihn notfalls etwas passend verschieben können, sodass die Socke in jedem Fall im Korb landet, sobald Ihr Hund sie loslässt. Üben Sie das mehrfach hintereinander.

Mit Schwung zieht er die Socke von der Leine.

Klappt es gut, können Sie dazu übergehen, die Socke in größerer Entfernung abzulegen. Belohnen Sie den Hund immer dann, wenn die Socke im Korb landet. Führen Sie dann ein Kommando dafür ein, zum Beispiel *Aufräumen*.

Klappt es sicher, dass der Hund die Socke aus einiger Entfernung holt, verschieben Sie den Korb ein kleines Stück seitlich. Bringt der Hund die Socke trotzdem sicher in den Korb, können Sie nach und nach die Entfernung zwischen sich und dem Korb vergrößern. So lernt der Hund auch selbstständig die Wäsche abzunehmen und zum Korb zu bringen, ohne dass Sie dabei hinter dem Korb stehen müssen.

Nun folgt der nächstschwierige Schritt. Bisher hat der Hund die Socke immer vom Boden

aufgehoben und gebracht, nun legen Sie sie ein bisschen höher. Nehmen Sie eine kleine Kiste, legen Sie die Socke gut sichtbar für den Hund darauf und lassen Sie ihn die Socke in den Korb bringen. Klappt das nicht sofort, machen Sie es wieder etwas einfacher und lehnen die Socke erst nur gegen die Kiste oder nehmen eine kleinere, sodass die Socke besser zu sehen ist.

Absolviert Ihr Hund das ohne Probleme, legen Sie die Socke über eine der Wäscheleinen, und zwar so, dass sie gerade so hängen bleibt. Lassen Sie Ihren Hund die Socke holen und dann in den Korb geben. Hängt die Socke so, dass er die Vorderbeine vom Boden heben muss, um heranzukommen, kann es sein, dass er die Situation als nicht lösbar beurteilt. Versuchen Sie es dann mit einem schönen langen

Kniestrumpf, den der Hund besser erreichen kann, und verkürzen Sie diesen von Mal zu Mal ein ganz klein wenig, sodass er sich immer mehr strecken und anstrengen muss, um heranzukommen, aber auch immer ein Erfolgserlebnis hat. Wenn auch das keinerlei Probleme mehr bereitet, ist es Zeit für den letzten Schliff, in diesem Fall die Wäscheklammern.

Klammern Sie die Socke so, dass sie nicht von beiden Seiten der Klammer umschlossen wird, sondern nur von einer. So hängt die Socke tiefer und löst sich einfacher von der Klammer. Versuchen Sie selbst einmal mit zwei Fingern, die Socke nach unten von der Leine zu ziehen. Löst sie sich ganz leicht, ist es auch perfekt für den Hund. Achten Sie immer darauf, dass der Wäscheständer fest steht und der Hund nicht so fest zieht, dass er dabei den Ständer umreißt. Neben einem Riesenschreck könnte ihm das im schlimmsten Fall auch eine Verletzung einbringen.

Ob Sie nun tatsächlich diesen Trick im Haushalt nutzen oder nur zum Spaß einüben, bleibt Ihnen überlassen. Bedenken Sie nur, dass sich zarte Seidenblusen nicht unbedingt mit scharfen Hundezähnen vertragen.

Mit dem Schwanz wedeln

Schwanzwedeln auf Kommando ist ein sehr niedlicher Trick, der gerade im Aufbau einiges an Albernheit von Ihnen verlangt. Wenn Ihr Hund in ruhig-gelöster Stimmung ist, gehen Sie zu ihm und freuen sich, dass es ihn gibt, quietschen Sie, säuseln Sie Nettigkeiten, drehen Sie auf. Im besten Fall wundert Ihr Hund sich nur

Chica ist eine begeisterte „Wedlerin".

ein wenig und beginnt dann freudig zu wedeln. Diesen Moment bestätigen Sie und belohnen ihn sofort. Am einfachsten ist es, wenn Sie von Anfang an das Kommando mit hoher Stimme etwas übertrieben sprechen. Anstatt ihn also mit „Ei ja, was isser denn für ein Feiner, ja bist du ein Braver, ja so ein Guter" zum Wedeln bewegen zu wollen, können Sie auch sogleich zum Beispiel *Wedel, wedel* jauchzen.

Sollten Sie aber so freudig überzeugend jauchzen, dass Ihr Hund gleich aufspringt und vor lauter Freude an Ihnen hochhüpft, dann haben Sie es zu gut gemacht. Denn Hochspringen sollten Sie in dem Fall nicht bestätigen, auch wenn der Hund dabei wedelt, denn Sie wollen ja nur das Wedeln formen. Versuchen Sie es, nachdem der Hund sich wieder beruhigt hat, noch einmal, diesmal mit etwas weniger Enthusiasmus, die Dosis erhöhen können Sie zur Not immer noch.

Bestätigen Sie nicht, wenn Ihr Hund in anderen Situationen andere Hunde anwedelt, zum einen ist Wedeln nicht immer ein Zeichen von Freundlichkeit, und zum anderen ist Ihr Hund gerade in dem Fall nicht im Mindesten auf Sie konzentriert. Entweder würde er das Loben gar nicht wahrnehmen, oder er glaubt – sehr zu Recht –, Sie bestätigen ihn dafür, dass er sich mit anderen Hunden beschäftigt; er kann es nicht mit dem Wedeln verknüpfen.

Kopf schief legen

Auf Kommando legt der Hund den Kopf zur einen Seite. Das ist ein typischer Filmhundtrick, den man in unzähligen Serien schon gesehen

Verletzungsbedingt muss Pepper gerade pausieren. Das Kopfschieflegen kann sie trotzdem üben.

hat. Jemand weint sich aus oder erzählt dem Hund etwas, und der Hund legt den Kopf zur Seite und lauscht verständnisvoll. Der Niedlichkeitsfaktor bei diesem Trick nutzt sich einfach nicht ab, man kann es noch so häufig gesehen haben, ein „Ooooh" entfährt einem fast zwangsläufig.

Versuchen Sie Folgendes: Setzen Sie den Hund vor sich ab und machen Sie ein ungewöhnliches Geräusch. Das kann ein Schnalzen sein, ein Piepsen, ein leises Pfeifen oder ein Prustgeräusch mit den Lippen. Schauen Sie, ob und bei welchem Geräusch der Hund lauscht und mit viel Glück den Kopf vielleicht schief legt. Belohnen Sie das sofort, selbst wenn es nur ein leichtes Neigen zur Seite ist.

Klappt es nicht sofort, versuchen Sie vielleicht noch andere Geräusche, erzählen Sie ihm leise etwas oder bitten Sie gute Freunde einmal um ein ungewöhnliches Geräusch. Wichtig ist, dass der Hund vor Ihnen sitzt und schon aufmerksam bei der Sache ist. Liegt der Hund schlafend im Körbchen, mag er das Geräusch vielleicht ungewöhnlich finden, aber er wird nicht aufstehen, um dann den Kopf schräg zu legen. Achten Sie gut darauf, den Hund mit Ihren Versuchen nicht zu erschrecken. Sollte Ihrem Hund ein Geräusch unangenehm sein, vermeiden Sie dieses auf jeden Fall und versuchen Sie es zu einem anderen Zeitpunkt noch mal mit sanfteren Geräuschen.

Leider kann man es nicht jedem Hund beibringen; manchen Hunden bietet man ein wahres Konzert an Geräuschen, und es kommt zu keiner Kopfbewegung. Lassen Sie sich nicht dazu hinreißen, den Kopf des Hundes mit der Hand zu bewegen, damit er ihn schief legt. Hunde mögen solche Art der Manipulation nicht, und es bringt auch in den allerseltensten Fällen den gewünschten Erfolg.

Zudecken

Der Hund deckt sich selbst zu. Ein Supertrick, mit dem man auch den Besuch daheim mal verblüffen kann.

Es gibt verschiedene Arten, wie sich ein Hund zudecken kann. Man kann eine Decke auf den Boden legen, der Hund legt sich darauf, fasst einen Zipfel, macht dann eine Rolle und dreht sich so selbst in die Decke.

Hierfür ist erforderlich, dass der Hund gelernt hat, einen Gegenstand im Maul festzuhalten. Die schwierigere Steigerung ist natürlich, mit dem Gegenstand im Maul –was ja schon ein eigenständiges Kommando ist – noch ein weiteres Kommando auszuführen, ohne dazu den ersten Auftrag zu beenden. Dies sollten Sie zuvor üben, wie in dem Kapitel „Gegenstände halten für Könner" bereits beschrieben. Zudem muss er natürlich zusätzlich eine Rolle auf Kommando ausführen können. Kann Ihr Hund dies noch nicht, wählen Sie eine der beiden anderen Varianten des Zudeckens.

Legen Sie zunächst die Decke oder ein ausreichend großes Handtuch auf den Boden. Damit der Hund die Ecke leichter fassen kann, machen Sie einen Knoten in die Ecke, die der Hund nehmen soll. Legen Sie jetzt den Hund auf der Decke ab, der Kopf muss an der Seite sein, an der auch der Knoten gemacht wurde. Achten Sie darauf, dass der Hund erst ab ungefähr Schulterhöhe auf der Decke liegt; liegt er komplett auf der Decke, könnte er sich beim Eindrehen erschrecken, weil er gar nichts mehr sieht. Liegt er aber erst ab der Schulter auf der Decke, kann er sich diese nicht so leicht selbst über den Kopf ziehen. Mit dem Kommando *Nimm* ermuntern Sie den Hund, den Zipfel zu nehmen. Geben Sie jetzt das Kommando zum Festhalten.

Warten Sie einen Augenblick und belohnen Sie dann den Hund. Machen Sie dies einige

Bereitwillig nimmt Kung Fu die Decke…

…rollt sich …

…und schläft.

Geduldig wartet Jonny ab, wie es weitergeht.

Mit einem Nimm *fasst er bereitwillig den Deckenzipfel.*

Rasch fasst er die Decke auch ohne Hilfe.

Male und gehen erst dann einen Schritt weiter. In manchen Fällen lernen die Hunde das sehr schnell, und sobald man die Decke mit dem Zipfel gerichtet hat, nehmen Sie ihn gleich wieder. Geben Sie dann dem Hund das Kommando für die Rolle.

Im Idealfall hat der Hund den Zipfel im Maul, dreht sich damit und ist so zugedeckt. Dann belohnen Sie sofort und überschwänglich, denn das ist wirklich eine gute Leistung.

Sollte der Hund den Zipfel losgelassen haben, versuchen Sie es noch einmal; klappt es wieder nicht, sollten Sie zunächst noch mal das Festhalten von Gegenständen in Kombination mit anderen Kommandos üben.

Eine andere Möglichkeit ist, dass der Hund sich zwar mit Zipfel im Maul gerollt hat, aber leider zur falschen Seite. In diesem Fall ist er natürlich auch nicht zugedeckt. Überlegen Sie, ob Ihr Hund eine Seite hat, zu der er lieber rollt als zu der anderen, und passen Sie gegebenenfalls das Handtuch an, das heißt, Sie machen einfach den Knoten an die andere Seite, damit er sich zu seiner Lieblingsseite rollen und sich dann so zudecken kann.

Eine andere Variante ist, dass der Hund im *Platz* liegt und man eine Decke leicht über der Hüfte des Hundes ausbreitet. Durch Kopfdrehen und Ziehen, abwechselnd mal rechts, mal links, zieht der Hund die Decke bis über den Rücken.

Legen Sie den Hund ins *Platz*, nehmen Sie eine kleine Decke oder ein zu der Größe Ihres Hundes passendes Handtuch und legen Sie es über die Hüfte Ihres Hundes. Achten Sie darauf, wie Ihr Hund sich dabei fühlt; allzu schwungvolles Ausbreiten macht dem Hund eventuell Angst und er wird aufstehen. Legen Sie ihn

dann wieder freundlich ins *Platz*, lassen Sie ihn noch mal an der Decke schnuppern und sich damit vertraut machen. Haben Sie das Gefühl, dass ihm das unheimlich ist, legen Sie die Decke zunächst nur neben ihn. Bleibt er im *Platz* liegen, wendet den Kopf und schnuppert neugierig an der Decke, loben und belohnen Sie ihn sofort dafür. Ermuntern Sie ihn mit einem *Nimm* dazu, die Decke zu fassen.

Loben Sie ihn sofort, sobald er dies tut. Er muss die Decke am Anfang noch gar nicht richtig ziehen, die meisten Hunde ziehen allerdings automatisch, da sie sich ja weit nach hinten beugen müssen, um die Decke zu fassen, und fast sofort wieder in eine bequemere Lage rutschen.

Ist hierbei noch die Decke im Maul, ist sie automatisch ein gutes Stück weiter vorn. Kennt Ihr Hund das Kommando *Zieh* bereits, können

Mit Schwung auf die Seite gelegt.

Reif für eine Pause.

Sie natürlich auch dies einsetzen. Wenn der Hund die Decke an der einen Seite ein Stück gezogen hat, ermuntern Sie ihn, ebenso mit der anderen Seite zu verfahren. Ist die Decke auf Schulterhöhe, ist es noch eine schöne Variante, wenn der Hund sich nun auf die Seite legt.

Noch eine andere Variante funktioniert wunderbar, wenn man ein Körbchen mit einem hohen Rand hat. Die Decke wird „zufällig" so gefächert über eine Ecke gelegt, dass der Hund sie bequem im *Platz* über sich ziehen kann.

Falten Sie die Decke der Länge nach fächerartig und legen Sie sie über Rücken- und Seitenlehne des Körbchens. Stecken Sie den hinteren Zipfel gut fest, damit der hintere Teil der Decke auf dem Rand verbleibt, wenn der Hund zieht. Legen Sie den Hund im Platz ins Körbchen und achten Sie darauf, dass sein Hinterteil in Richtung der Decke zeigt. Machen Sie den Hund auf die Decke aufmerksam und belohnen Sie ihn wieder, sobald er daran nur schnuppert. Verfahren Sie wie oben bereits beschrieben und motivieren Sie ihn, die Decke zu nehmen.

Wenn Sie dem Ganzen noch ein Krönchen aufsetzen wollen, dann bringen Sie dem Hund bei, Dinge auf Kommando im Maul zu behalten, und üben das Ganze mit einem Schnuller für Menschenkinder. Ein kaum zu toppendes Foto.

Auf die Füße springen

Für diesen Trick muss der Hund ausgewachsen, gesund, nicht zu groß und ein sicherer Springer sein. Außerdem ist es wichtig, dass Ihr Hund sportlich und nicht übergewichtig ist. Es gehört sehr viel Vertrauen und gutes Training dazu, damit dieser Balanceakt sicher gelingt. Im Idealfall beherrschen Sie mit Ihrem Hund bereits andere Sprünge, zum Beispiel auf den Arm oder auf den Rücken. Wie bei allen Tricks, bei denen Ihr Hund springt, achten Sie auch hier bitte gut auf den Untergrund. Wiese oder Rasen ist ideal, auch ein spezieller Hundesportboden ist möglich. Teppichboden oder ähnlich harter Untergrund sind ungeeignet.

Nehmen Sie eine Plastikkiste, die groß genug ist, dass Ihre Füße nebeneinander hineinpassen. Zu Anfang stellen Sie die Kiste mit dem Boden nach oben hin. Nehmen Sie ein großes Handtuch und legen Sie es über die Kiste. Üben Sie mit Ihrem Hund das Springen auf die Kiste. Setzen Sie ihn mit einem kleinen Abstand an einer der kurzen Seiten der Kiste ab. Nehmen Sie ein Leckerchen, halten es an die gegenüberliegende Seite der Kiste und ermuntern Sie den Hund, auf die Kiste zu springen.

Achten Sie darauf, dass er wirklich springt und nicht hinaufklettert. Belohnen Sie ihn sofort, wenn er es geschafft hat. Klettert der

Hopp auf die Kiste.

Wichtig ist, dass der Hund gut gegen Hinunterfallen gesichert wird. Im Notfall muss der Helfer den Hund beherzt halten können.

Hund immer wieder, anstatt zu springen, vergrößern Sie seinen Abstand zur Kiste ein wenig. So hat er mehr „Anlauf" und Schwung. Hat der Hund bereits gelernt, auf Kommando auf oder in etwas zu springen (zum Beispiel in den Kofferraum eines Autos), können Sie auch dies nutzen.

Wenn der Hund sicher auf die Kiste springen kann, können Sie zum nächsten, weitaus schwierigeren Schritt übergehen, den Sie zunächst ohne Hund üben. Legen Sie sich auf den Rücken, strecken Sie beide Beine in die Luft und stülpen Sie sich die Kiste über die Füße. Mit dem über die Kiste ausgebreiteten Handtuch können Sie die Kiste gut fixieren und festhalten. Winkeln Sie die Beine an und ziehen sie so nah wie möglich an den Körper heran. Ziehen Sie die Fußspitzen an, um eine möglichst waagerechte Fläche zu bilden. Nehmen Sie, wenn möglich, einen großen Spiegel zu Hilfe, um Ihre Haltung zu kontrollieren. Bei aller Anstrengung, die Beine an den Körper zu nehmen und die Fußspitzen anzuziehen, müssen Sie nun noch darauf achten, den Rücken möglichst gerade am Boden aufliegen zu lassen. Machen Sie den Rücken zu rund und die Schultern liegen nicht richtig auf, besteht die Gefahr, dass Sie zur Seite kippen, sobald der Hund aufspringt.

Sobald Sie diese ungewöhnliche Haltung verinnerlicht haben, bitten Sie einen – bei einem größeren Hund zwei – Menschen, Ihnen zu helfen. Es ist gut, wenn eine der beiden Personen etwas Gewicht auf die auf Ihren Füßen stehende Kiste verlagert und auch ein wenig hin und her bewegt, damit Sie ein Gefühl für das Balancieren auf den Füßen bekommen. Halten Sie dabei die Kiste gut fest. Die beiden Hilfspersonen positionieren sich rechts und links von der Kiste und ermuntern den Hund, auf die Kiste zu springen, und zwar ausgehend von Ihrem Gesäß. Praktisch ist dabei oft ein Leckerchen, das einer der Helfer so hält, dass der Hund erst aufspringen muss, um heranzukommen.

Ist der Hund hochgesprungen und steht nun auf der Kiste, füttert ein Helfer ihn mit guten Leckerchen. Der Hund muss erst ein Gefühl für den wackligen Untergrund bekommen und Sie

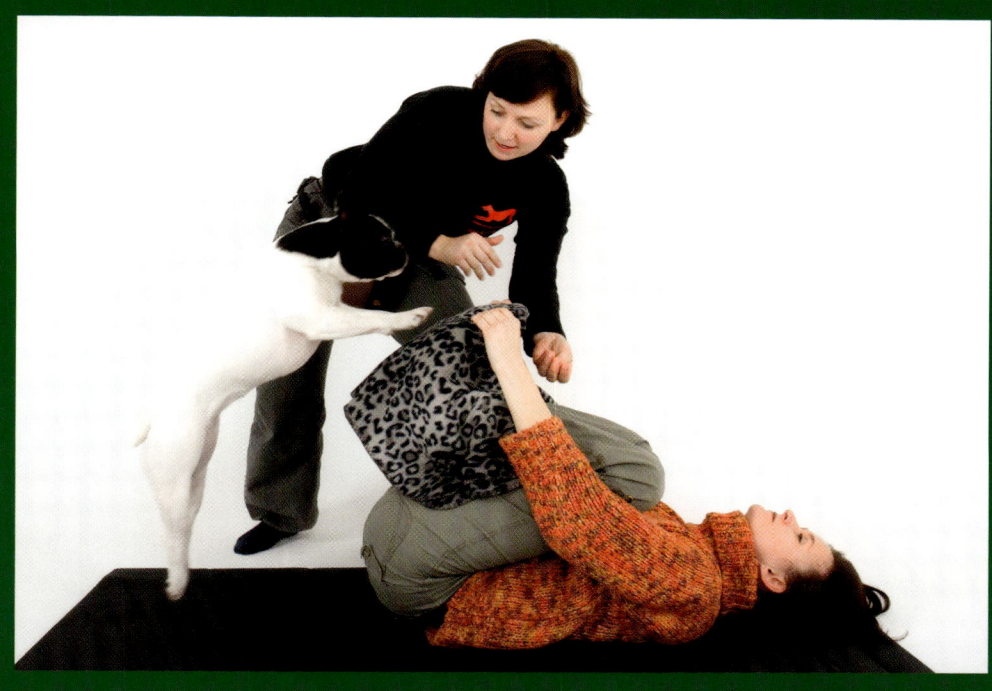

Kung Fu im Sprung.

Sichere Landung auf den Füßen.

ein Gefühl für das sich bewegende Gewicht auf Ihren Füßen. Wichtig ist, dass Sie die Füße absolut still halten. Wenn der Hund versucht, sich auszubalancieren, und Sie versuchen, von unten auch auszugleichen, kommen Sie immer mehr ins Trudeln. Lassen Sie den Hund schräg seitlich hinunterspringen, damit er nicht auf Ihnen landet. Diese Übung werden Sie schon von sich aus nicht allzu häufig durchführen, sie ist auch für den Menschen sehr anstrengend. Wenn sich nach einigen Trainingseinheiten zeigt, dass der Hund sehr sicher aufspringt und Sie das Gewicht gut und sicher halten können, lassen Sie die Hilfspersonen langsam Schritt für Schritt zurücktreten. Klappt das weiterhin gut, sind Sie bereit für den nächsten Trainingsschritt, den Abbau der Kiste. Eine Möglichkeit ist es, eine kleinere Kiste zu nehmen, wieder das Handtuch aufzulegen und den Hund dort wieder aufspringen zu lassen, bis es sicher klappt. War die Kiste ohnehin nur wenig größer als Ihre Schuhe, gehen Sie gleich dazu über. Legen Sie sich wieder auf den Rücken, nehmen Sie die Beine in Position und breiten Sie das Handtuch über Ihren Schuhsohlen aus. Ihre Schuhe sollten flach und gerade sein und komplett vom Handtuch bedeckt werden. Halten Sie mithilfe der Handtuchenden Ihre Beine gut fest.

Bei diesem schwierigeren Grad brauchen Sie wieder beide Hilfspersonen zur rechten und linken Seite, die den Hund notfalls abstützen können. Lassen Sie den Hund wieder aufspringen, und eine Hilfsperson belohnt ihn mit besonders guten Leckerchen, wenn er die schwierige Position oben hält. Bis Sie den Trick sicher und ohne Hilfsperson ausführen können, wird eine ganze Weile vergehen. Beachten Sie, dass Sie nicht zu häufig üben, diese Höhe zu springen ist für die Hunde sehr anstrengend. Maximal fünf- bis siebenmal pro Übungseinheit ist absolut ausreichend.

Flasche aufdrehen

Diesen Trick verdanken wir einem Kursteilnehmer, der von seinem Urlaub in Spanien berichtete. Er beobachtete, wie Straßenhunde am Strand liegen gebliebene Wasserflaschen von Touristen untersuchten. Bei näherem Betrachten sah er, dass sie geschickt mit dem Maul die Kappe abdrehten, das restliche Wasser herauslaufen ließen und tranken.

Benda hat ihre eigene Technik und fixiert die Flasche gut.

Auch größere Flaschen sind kein Problem.

Nehmen Sie zum Üben keine Glasflasche und noch keine weiche PET-Flasche. Am besten geeignet aufgrund ihres weichen Materials sind Futter- oder spezielle weiche Tuben. Die Futtertuben bekommen Sie in manchen Hundeläden, weitaus günstiger erhalten Sie diese aber in Outdoor- und Trekkingläden unter dem Namen „Squeeze-Tuben", wie die Kosmetiktuben in Drogeriemärkten. Füllen Sie ein wenig Fleischbrühe oder mit Wasser verdünntes Katzenfutter hinein und lassen den Hund vorn an der Öffnung davon ablecken. Wiederholen Sie dies mehrfach. Füllen Sie nur ein paar Tröpfchen des Fleischsaftes ein, nehmen Sie nun die Kappe und drehen Sie sie mit einer Vierteldrehung auf das Gewinde.

Die Kappe sollte so locker sitzen, dass sie bereits bei der leichtesten Manipulation aufgeht. Halten Sie die Tube fest, oder wenn Ihr Hund geschickt mit den Pfoten halten kann, geben Sie sie ihm. Achten Sie gut darauf, dass Ihr Hund nicht fest zubeißt, das Material der Tuben ist zwar sehr weich, aber Löcher, die durch Bisse verursacht wurden, können auch scharfe Kanten haben. Möchten Sie diesen Trick später mit PET-Flaschen zeigen, darf der Hund nur mit weichem Maul arbeiten, da splitterndes Plastik ihn verletzen könnte. Haben Sie Grund zu der Annahme, dass Ihr Hund die Flasche zerbeißen wird, üben Sie diesen Trick nicht mit ihm. Auf gar keinen Fall sollten Sie mit einer Glasflasche üben.

Mit einem scharfen Messer lässt sich das Gewinde kürzen.

Podesttraining

Sie haben mehr als einen Hund und finden es schwierig, gleichzeitig mit ihnen zu arbeiten? Das ist auch am Anfang nicht ganz leicht, erfordert viel Konsequenz und kleine Schritte mit vielen Belohnungen, ist aber ein tolles Training. Man kann den Hunden feste Plätze durch Decken zuweisen; professioneller und showmäßiger sehen allerdings Podeste aus, wie wir sie wohl alle aus Kindertagen noch aus dem Zirkus kennen. Diese Podeste, auf denen Großkatzen saßen, sind allerdings sehr teuer, aber es gibt günstige Alternativen im Baumarkt. Mörteleimer – große schwarze Plastikeimer, die es von klein bis groß gibt – sind prima geeignet. Wahlweise beklebt oder mit einem schönen Stoff überzogen, kann man sie individuell gestalten.

Wenn nun die Kappe von der Öffnung fällt, belohnen Sie Ihren Hund unverzüglich. Beachten Sie, dass der Hund die Kappe sofort auslässt und nicht darauf herumkaut oder sie gar verschluckt.

Bemerken Sie, dass Ihr Hund durch die Manipulation eher die Flasche zuschraubt als sie öffnet, behelfen Sie sich mit einem Trick: Mit einer kleinen Säge oder einem scharfen Messer kürzen Sie das Gewinde so weit, dass die Kappe nicht mehr als eine Vierteldrehung zu schließen ist, und versuchen Sie es dann erneut. Klappt es wieder nicht, überlegen Sie, von welcher Seite Sie dem Hund die Tube hingehalten haben, und versuchen Sie dann einfach die andere Seite.

Klappt es mit der Tube gut und sicher und der Hund kaut nicht auf dem Deckel herum, können Sie mit einer PET-Flasche weiterüben. Bitte üben Sie in keinem Fall mit Glasflaschen.

Beginnen Sie mit einem Hund. Führen Sie ihn an das Podest heran und lassen Sie es ihn ausgiebig beschnuppern und untersuchen. Lassen Sie ihn dann auf das Podest springen (siehe auch unter „Grundkommandos" *Auf*). Belohnen Sie ihn sofort. Beginnen Sie damit, die Verweildauer auf dem Podest auszubauen. Warten Sie kurz, während Ihr Hund auf dem Podest sitzt, zu Beginn etwa fünf Sekunden, und belohnen ihn wieder. Dehnen Sie so die Abstände länger aus. Belohnen Sie unbedingt mit besonders guten Leckerchen. Der Hund soll das Auf-dem-Podest-Sitzen als ein echtes Privileg empfinden: erhöhter Platz, nichts Großartiges leisten müssen und trotzdem gute Leckerbissen bekommen. So aufgebaut, lernen die meisten Hunde bereits in kürzester Zeit das Podest sehr schätzen. Findet der Hund das Podest also

Drei Hunde gleichzeitig einzubinden muss gut geübt werden.

schon klasse und kann bereits einige Minuten dort verweilen, steigern Sie langsam die Ablenkung: Lassen Sie den Hund auf dem Podest *Sitz* machen und wischen Sie im gleichen Zimmer Staub. Am nächsten Tag wischen Sie den Boden, während er auf dem Podest sitzt. Wichtig ist, dass es weiterhin lohnenswert für den Hund bleibt, also stecken Sie ihm in unregelmäßigen Abständen ein gutes Leckerchen zu.

Klappt es ohne Probleme, nehmen Sie nun Ihren zweiten Hund dazu. Der erste kommt auf das Podest, und der zweite darf einen Trick machen, den er gut kann. Beide Hunde werden belohnt, der erste für das Sitzenbleiben auf dem Podest, der zweite für den Trick. Dehnen Sie auch hier wieder das Zeitfenster ganz langsam aus. Natürlich sollte Ihr Zweithund das Podesttraining auch noch lernen, dazu holen Sie sich einen weiteren Mörteleimer und können jetzt schon mit beiden Hunden gleichzeitig üben. Während bei dem ersten die Dauer unter Ablenkung trainiert wird, kann der Zweithund das Podest wie bereits beschrieben kennenlernen.

Grundkommandos

Mit Grundkommandos ist in diesem Fall nicht *Sitz*, *Platz*, *Fuß* oder Ähnliches gemeint. Das sind sicher alles sehr wichtige Kommandos, die Ihr Hund wahrscheinlich auch schon beherrscht, aber mir geht es hier um Kommandos, die zur Ausführung der Tricks im Buch notwendig werden. Es handelt sich um wiederkehrende Kommandos, die Sie für die verschiedensten Tricks und Alltagsdinge einsetzen können.

Nimm ✓

Auf das Kommando *Nimm* soll der Hund einen von Ihnen gewünschten Gegenstand ins Maul nehmen. Bei vielen Hunden ist das ganz einfach: Sie haben ein Lieblingsspielzeug, vielleicht einen Ball oder ein Stofftier. Legen Sie das Spielzeug neben den Hund und ermuntern Sie ihn mit einem *Nimm*, das Spielzeug aufzunehmen. Tut er das, bestätigen Sie ihn sofort mit Klick, Leckerchen oder Lob. Klappt das mit Spielzeug oder Ball sicher, fangen Sie mit einfachen Alltagsgegenständen an: Taschentücher, Socken, Zigarettenschachteln (leere).

Wenn auch das ohne Probleme funktioniert, wagen Sie sich an schwierigere Dinge wie zum Beispiel Geldscheine, Schlüssel oder Ähnliches. Viele Hunde scheuen sich, metallene Dinge wie zum Beispiel Schlüssel ins Maul zu nehmen. Erleichtern Sie es Ihrem Hund, indem Sie ein Schlüsselband oder einen gut zu fassenden Anhänger am Schlüssel befestigen.

Wenn der Hund den Gegenstand nicht ins Maul nehmen möchte, müssen Sie sehr kreativ werden. Machen Sie den Gegenstand spannend, sorgen Sie dafür, dass er gut riecht. Spielen Sie mit dem Gegenstand, ohne jedoch den Hund zu beachten. Tun Sie das so ausgelassen, dass Ihr Hund auch unbedingt damit spielen möchte.

Hängen Sie nicht zu sehr an den Dingen, mit denen Sie üben. Soll Ihr Hund ein Telefon ins Maul nehmen, üben Sie bitte nicht mit einem Handy der neuesten Generation, sondern nehmen Sie ein defektes oder ein Telefon, das nicht mehr funktioniert. Entfernen Sie bitte vor dem Üben den Akku. Auf dem Flohmarkt finden sich wahre Schätze zum Üben.

Aufmerksam betrachtet Pepper den Gegenstand, den sie nehmen soll.

Mit ein wenig Übung ist es kein Problem, auch Alltagsgegenstände zu tragen.

Ronja untersucht den Target-Stick ganz genau.

Das Berühren mit der Pfote wird belohnt.

Touch ✓

Beim *Touch* soll der Hund Gegenstände mit der Pfote berühren. Es gibt verschiedene Möglichkeiten, dies dem Hund beizubringen: einmal mit dem Target-Stick. Der Target-Stick ist das, was Sie vielleicht noch aus der Schule aus dem Erdkundeunterricht kennen. Ein Zeigestock, der wie eine Antenne ausgezogen werden kann und so in der Länge variabel ist. Es gibt für das Clickertraining spezielle Target-Sticks, die eine abgerundete, etwas größere Spitze haben. Genauso gut kann man auch eine Fliegenklatsche als Target verwenden. Zeigen Sie dem Hund den Target-Stick und lassen Sie ihn diesen untersuchen und beschnüffeln. Nutzt der Hund zum Untersuchen seine Pfoten, bestätigen Sie dieses Verhalten.

Bestätigen Sie anfangs jeden Pfoteneinsatz und gehen Sie dann dazu über, nur die Einsätze zu bestätigen, bei denen der Hund die Spitze des Targets trifft. Führen Sie das Kommando *Touch* dazu ein.

Mit dem Target-Stab können Sie nun den Hund zu den zu berührenden Gegenständen leiten und mit einem *Touch* dazu bringen, die Pfote genau am gewünschten Ort einzusetzen. Das Ausschleichen des Targets bei den einzelnen Übungen geht dann recht einfach.

Eine andere Möglichkeit ist, einen Klebepunkt anstelle eines Targets zu nehmen. Das funktioniert am besten, wenn man den Klebepunkt anfangs in die Hand klebt und den Hund die Pfote drauflegen lässt. Allmählich „verschiebt" man den Klebepunkt, zum Beispiel auf den Finger oder den Arm. Als nächsten Schritt kann man dazu übergehen, den Punkt auf den Boden zu kleben. Wenn der Hund das *Touch* sicher verstanden hat, kann man sich auch an schwere Aufgaben wie zum Beispiel Lichteinschalten wagen. Hierzu kleben Sie dann den Punkt einfach auf den Lichtschalter. Da der Hund bereits gelernt hat, dass man den Punkt mit der Pfote drücken muss, ist es nur ein kleiner Schritt bis zum Lichteinschalten.

Nach dem gleichen Prinzip kann man den Punkt auch auf Schubladen kleben, damit der Hund lernt, diese zuzumachen.

Stups ✓

Auf das Kommando *Stups* berührt der Hund Gegenstände mit seiner Nase. Einfachster Weg, das aufzubauen, ist, dem Hund die Hand vor die Nase zu halten: Sobald er sich annähert und mit seiner Nase die Hand berührt, bestätigen Sie den Hund. Ebenfalls möglich ist, das *Stups* mit dem Target-Stick oder dem Klebepunkt wie beim *Touch* zu erarbeiten.

Nähert sich der Hund zwar der Hand oder dem Target, stupst aber nicht, können Sie ganz vorsichtig die zu stupsende Hand oder das Target dem Hund leicht an die Nase drücken. Sofort loben und bestätigen, als hätte er es allein geschafft. Jedes Mal wenn die Nase das Target oder die Hand berührt, sagen Sie *Stups*.

Wiederholen Sie das einige Male, bis der Hund verstanden hat, dass auf jeden Nase-Target-Kontakt ein Leckerchen folgt. Nun halten Sie wieder die Hand mit dem Target hin und warten ab. Halten Sie die Hand schon recht nah an die Nase des Hundes, um es ihm so einfach wie möglich zu machen. Sehen Sie eine leise

Grete betrachtet die ausgestreckte Hand zunächst genau.

Dann stupst sie entschlossen.

Morris findet Zerrspiele toll.

So konnte er schon mit drei Monaten ein Kinderspielzeug hinter sich herziehen.

Bewegung in Richtung des Target, sagen Sie das Kommando *Stups* und belohnen ihn sofort mir einem Jackpot, wenn er das erste Mal ganz ohne Hilfe stupst.

Zieh

Dieses Kommando bringen Sie dem Hund am besten mit einem Zerrspiel bei. Hier sollte der Hund mit dem Kommando *Zieh* angefeuert werden. Nehmen Sie ein altes Handtuch und lassen Sie es sich aus den Fingern ziehen. Will Ihr Hund anfänglich nicht so gern mitspielen, bewegen Sie das Handtuch ruckartig in schnellen, kurzen Bewegungen von ihm weg und machen dabei wilde Quietschgeräusche.

Nimmt er es, zerren Sie nur ganz kurz und lassen den Hund dann gewinnen und mit seiner Beute spielen. Dieses Spiel ist selbst belohnend, darum brauchen die Hunde kaum Leckerchen

Mit Freude werden die Socken zu Frauchen gebracht.

dabei. Wiederholen Sie dieses Spiel immer wieder zwischendurch. Um zu sehen, ob der Hund das Kommando schon verstanden hat und richtig verknüpft, nehmen Sie das Handtuch ohne vorheriges Zerrspiel locker in die Hand und fordern den Hund mit dem Kommando *Zieh* auf, an dem Handtuch zu ziehen. Zieht er es Ihnen aus der Hand, belohnen Sie ihn mit einem Jackpot.

Achten Sie aber darauf, dass das Ziehen kontrollierbar bleibt. Soll der Hund später Socken ausziehen, ist es wenig angenehm, wenn er dabei versucht, sich Ihr Bein um die Ohren zu schlagen.

Bring

Eine Erweiterung des Kommandos *Nimm*. Einen beliebig ausgesuchten Gegenstand soll der Hund auf Kommando bringen. Wenn Ihr Hund noch nicht apportieren kann, beginnen Sie in ganz kleinen Schritten. Nehmen Sie ein Spielzeug des Hundes und legen Sie es sich direkt vor die Füße. Mit dem Kommando *Nimm* ermuntern Sie den Hund, das Spielzeug zu nehmen. Tauschen Sie nun das aufgenommene Spielzeug gegen ein besonders schmackhaftes Leckerchen. Ganz wichtig: Geben Sie Ihrem Hund danach das Spielzeug wieder. Das Abgeben eines begehrten Gegenstandes ist für Hunde nicht ganz einfach. Ziel ist aber, dass der Hund gern und freudig alles bringen möchte, also muss es sich für den Hund lohnen: Ein tolles Leckerchen, ein schönes Spiel sind geeignete Verstärker. Wenn der Hund mit dem Gegenstand im Maul vor Ihnen steht und Sie nun das tolle Leckerchen zum Tausch anbieten, wird er den Gegenstand fallen lassen. Nehmen Sie das Spielzeug und geben dem Hund das Leckerchen. Klappt das gut, legen Sie das Spielzeug einige Zentimeter entfernt auf den Boden.

Erhöhen Sie die Abstände immer weiter, achten Sie dabei darauf, nur in kleinen Schritten vorzugehen, um das Kommando sicher aufzubauen.

In die Hand geben

Der Hund gibt Ihnen einen Gegenstand in die Hand. Voraussetzung hierfür ist, dass der Hund Gegenstände bereits ins Maul nimmt und apportiert. Tut er das noch nicht, fangen Sie bitte einen Schritt vorher an und machen erst dann

Luca apportiert gern.

Auch In-die-Hand-Geben ist kein Problem für ihn.

hier weiter, wenn der Hund das Apportieren beherrscht.

Der Hund steht mit dem Gegenstand im Maul vor Ihnen. Halten Sie eine Hand unmittelbar unter den Fang und halten dem Hund mit der anderen Hand ein Leckerchen vor die Nase. In dem Moment, in dem er das Maul öffnet, um das Leckerchen zu nehmen, sagen Sie *Gib's her* oder ein anderes Kommando Ihrer Wahl. Es sollte sich nur deutlich von dem Kommando *Aus* unterscheiden. Hat er das Leckerchen gefressen, ermuntern Sie ihn, den Gegenstand wieder aufzunehmen, und wiederholen das In-die-Hand-Geben einige Male. Gibt der Hund den Gegenstand nicht ab, versuchen Sie es mit einem für den Hund weniger attraktiven Gegen-

stand, vielleicht einem gerollten Paar Socken oder Ähnlichem.

Klappt das In-die-Hand-Geben schon gut, erhöhen Sie den Schwierigkeitsgrad, indem Sie Ihre Hand nicht mehr direkt unter den Fang halten, sondern ein paar Zentimeter seitlich. Hat Ihr Hund das Kommando schon verstanden, wird er Ihnen den Gegenstand in die Hand legen. Belohnen Sie ihn dann sofort mit einem Jackpot. Fällt der Gegenstand zu Boden, weil der Hund das Kommando noch nicht richtig verknüpft hat, gehen Sie wieder einen Schritt zurück und üben über mehrere Einheiten noch mit der Hand unter dem Fang, bevor Sie es erneut versuchen. Ziel ist, dass der Hund Gegenstände in die Hand legt, egal auf welcher

Höhe Sie diese halten. Hierbei dürfen Sie natürlich nicht die körperlichen Gegebenheiten Ihres Hundes aus dem Auge verlieren.

Auf

Ein schönes einfaches Kommando. Auf Ihren Wunsch soll der Hund auf einen Stuhl, Tisch oder ein Sofa springen. Achten Sie darauf, dass die Gegenstände, auf die der Hund springen soll, sicher sind, seiner Größe angemessen, fest stehen und nicht verrutschen oder umkippen können. Mit einem Leckerchen locken Sie den Hund. Famos funktioniert das meist, wenn man mit dem Hund übt, auf die Couch zu springen.

In dem Augenblick, in dem der Hund zum Sprung ansetzt, geben Sie das gewünschte Kommando, zum Beispiel *Auf*.

Bestätigen Sie den Hund, wenn er auf dem gewünschten Gegenstand angelangt ist.

Wiederholen Sie diese Übung nicht allzu oft hintereinander, da zu viel Springen den Bewegungsapparat Ihres Hundes belasten kann.

Ab

Auf Wunsch soll der Hund von Gegenständen hinunterspringen. Haben Sie Ihren Hund bisher mit einem *Ab* von der Couch geschubst, wird er dieses Kommando nicht so positiv empfinden. Besser ist, wenn Sie den Hund mit einem Leckerchen von dem jeweiligen Gegenstand herunterlocken und in dem Moment das Kommando geben, wenn er zum Sprung ansetzt.

Mit Schwung auf die Kiste.

Auch das Hinunterspringen ist kein Problem.

Wenn Sie mit Ihrem Hund Auto fahren, können Sie auch das Kommando wählen, mit dem Sie ihn aus dem Wagen springen lassen.

Ein Halt *muss sicher aufgebaut werden …*

Halt

Auf das Kommando *Halt* soll der Hund stehen bleiben. Das kann bei Tricks sinnvoll sein, wenn der Hund an einer bestimmten Stelle eines Raumes etwas ausführen soll, ist aber auch im Alltag ein wichtiges Kommando, das Ihr Hund unbedingt beherrschen sollte.

Nehmen Sie Ihren Hund zunächst an die Leine. Führen Sie ihn eine Weile umher und achten Sie dabei darauf, nicht an der Leine herumzuziehen oder zu -zupfen. Gehen Sie in einem langsamen Spaziertempo und achten Sie darauf, dass der Hund sich mit seinem Kopf ungefähr auf Kniehöhe befindet. Halten Sie die Leine in der Hand, an deren Seite auch der Hund läuft.

Aus der langsamen Bewegung heraus drehen Sie sich nun mit dem Oberkörper in Richtung Ihres Hundes, strecken die Hand unmittelbar vor dem Hund aus, sagen *Halt* und bleiben stehen. Wiederholen Sie dies häufig, zum Beispiel bei jedem Spaziergang an Bordsteinkanten, aber auch zwischendurch zu Hause. Achten Sie darauf, beim Kommando *Halt* nicht unbewusst die Leine zu straffen, denn Ziel ist es, dass dieses Kommando ohne Leine und auf größere

… dann klappt es auch auf Entfernung.

Distanz ausführbar ist. Die ausgestreckte Hand stoppt den Hund und ist gleichzeitig das Sichtzeichen. Später wird es ausreichen, nur die Hand auszustrecken, um den Hund zum Halten zu bringen. Dazu steigern Sie die Anforderungen in kleinen Schritten. Üben Sie aus dem Bei-Fuß-Laufen ohne Leine heraus; klappt das gut, erhöhen Sie den Schwierigkeitsgrad und stellen sich zwei Schritte entfernt vor Ihren Hund. Kommt er auf Sie zu, sagen Sie *Halt* und strecken ihm die Hand entgegen. Bleibt er stehen, hat er sich einen Jackpot verdient! Loben

Sie ihn ausgiebig und machen Sie beim nächsten Mal die Übung mit einer Entfernung von drei Schritten. Steigern Sie sich auch hier nur langsam und wechseln Sie die Örtlichkeiten, damit der Hund lernt, dass das Kommando gilt, egal ob im Wohnzimmer oder auf der Wiese.

Bleibt der Hund aber auf das Kommando nicht stehen, gehen Sie wieder zurück zu dem Punkt, bis zu dem es gut geklappt hat. Gehen Sie in kleineren Schritten voran; das mag etwas länger dauern, aber es ist wichtig, Kommandos positiv und sehr gründlich aufzubauen.

Tipps für Trickser

Sie haben noch Fragen? Antworten auf einige der häufigsten Fragen finden Sie in den nächsten Kapiteln, außerdem hilfreiche Tipps und interessante Adressen.

Wie lange dauert es denn?

Ganz häufig wird die Frage gestellt, ab wann so ein Trick denn sitzt. Leider sind verbindliche Aussagen dazu nicht möglich. Jeder Hund hat andere Talente. Während es dem einen leichtfällt, mit der Pfote zu arbeiten, ist allein das Berühren von Gegenständen mit der Pfote für einen anderen Hund eine ganz schwierige Sache. Hier also Empfehlungen zu geben, wie lange es dauert, bis der Trick sitzt, ist objektiv nicht möglich.

Wichtig ist, dass Sie immer in kleinen, überschaubaren Einheiten mit Ihrem Hund arbeiten. Wählen Sie die Schritte so klein, dass er immer eine Chance auf Erfolg und Belohnung hat. Üben Sie nicht länger als drei bis fünf Minuten am Stück, das ist für die meisten Tricks ausreichend und auch die Zeit, in der ein Hund sich gut konzentrieren kann. Wenn Sie die Möglichkeit haben, üben Sie in mehreren kleinen Einheiten über den Tag verteilt.

Manchmal geht es ganz schnell, und der Hund kann den Trick schon nach wenigen Übungseinheiten, manchmal braucht man etwas länger. Solange Sie und Ihr Hund Spaß beim Training haben, lassen Sie sich vom Faktor Zeit bitte nicht beeinflussen.

Wählen Sie sich immer nur einen Trick aus, den Sie erarbeiten möchten, oder aber Tricks, die sehr verschieden voneinander sind. Üben Sie also nicht morgens „Pfote geben" und nachmittags „Winken". Dies sind sehr ähnliche Tricks; einmal wird der Hund belohnt, wenn die Pfote die Hand berührt, und ein anderes Mal, wenn die Pfote in die Luft schlägt. Sehr ähnliche Tricks zeitgleich zu üben ist kontraproduktiv,

Nur nicht ungeduldig werden!

Border Collie Emma hat das Schließen einer Kiste, während sie darin sitzt, sehr schnell gelernt.

da für den Hund nicht klar ersichtlich ist, warum mal so und mal so bestätigt wird. Üben Sie dann lieber zwei verschiedene Dinge wie Winken und Rolle. Steht das Pfotegeben dann erst mal unter Signalkontrolle, können Sie selbstverständlich auch mit dem Winken anfangen.

Sollten Sie mit einem Trick einmal gar nicht weiterkommen, pausieren Sie einfach mal für ein paar Wochen damit, üben andere Dinge und versuchen es später wieder. Manchmal klappt es wie von Zauberhand, weil man es lockerer angeht. Manchmal allerdings will es auch dann nicht funktionieren. Suchen Sie sich einfach

einen anderen Trick aus, der Ihnen beiden Spaß macht. Nicht jeder Hund kann und muss jeden Trick lernen.

Castings, Turniere und andere Auftritte

Ihr Hund hat nun schon viele Tricks gelernt, und Sie haben Ihre Familie nun lang genug genötigt, sich all die putzigen Sachen anzuschauen? Ist die Zeit reif, vor Publikum zu stehen? Egal wie reif Sie sich fühlen, blicken Sie auf Ihren Hund. Steht er wirklich gern im

Rampenlicht, oder machen ihm viele Leute, Applaus und vor Vergnügen kreischende Kinder Angst? Egal wie viel Spaß Sie haben, sich zu produzieren – hat Ihr Hund nicht den gleichen Spaß, verzichten Sie bitte darauf.

Es gibt allerdings auch unter Hunden solche, die sehr gern zeigen, was sie alles können. Dann bleibt noch die Frage, wo Sie und Ihr Hund denn nun die Möglichkeit haben, Ihr Können zu zeigen. Seit Kurzem gibt es sogar Turniere, die in diesem Bereich ausgerichtet werden, eine Entwicklung, die ich sehr zwiegespalten sehe. Vergleicht man nicht Äpfel mit Birnen? Denn wenn ein Dackel dieselben Din-

ge wie ein Border Collie zeigt, halte ich doch die Leistung des Dackels im Allgemeinen für deutlich höher, da die Möglichkeiten, Tricks zu erarbeiten, andere sind.

Achten Sie darauf, dass es keine Pflichttricks gibt, die zum Beispiel in der Welpenklasse Elemente enthalten, die deutlich zulasten eines jungen Hundes gehen.

Ich bitte Sie eindringlich, gut darauf zu achten, was Sie mit Ihrem Hund machen. Werden Dinge von Ihnen verlangt, die bei objektivem Betrachten mit gesundem Menschenverstand unsinnig auf Sie wirken, pfeifen Sie auf Pokale und „Ruhm und Ehre".

An manchen Tagen mag selbst der größte Showhund keine Interviews geben und verweigert die Mitarbeit.

Gut gefallen haben mir immer die Castings der Trickdogs, oft zu sehen auf Messen in ganz Deutschland. Eine kompetente Jury beurteilt die Hunde und vor allem die Menschen, die mit dem Hund arbeiten. Geht der Mensch nicht positiv und freundlich mit dem Hund um, ist das Team schneller von der Bühne, als man schauen kann. Selbst wenn etwas nicht optimal läuft, man aber den Spaß bei Mensch und Hund sieht, gibt es immer ein großes Lob.

Manchmal gibt es in Tageszeitungen oder in Hundezeitschriften auch Anzeigen von Werbeagenturen, die auf der Suche nach niedlichen Hundemodellen sind. Es mögen seriöse Anzeigen darunter sein, aber meldet man sich auf eine solche Anzeige und wird zum Casting eingeladen, sollte man mit offenen Augen und Ohren dorthin fahren. Meist wird schon gleich am Telefon versichert, dass das Ganze natürlich absolut kostenfrei sei. Sind Sie dann mit Ihrem Hund vor Ort, achten Sie darauf, was man Ihnen erzählt. Wird tatsächlich ein Hund für Werbung und Film gesucht, so wird das absolute Hauptaugenmerk darauf liegen, was der Hund kann und ob er all das auch auf Distanz ausführen kann. Der schönste Hund der Welt nützt der Werbung nichts, wenn Sie als Halter mit im Foto stehen müssen, damit der Hund das tut, was von ihm gewünscht wird. Spielt man das herunter, dann ist das sicherlich nicht die richtige Agentur. Oft kommt dann gegen Ende des Gesprächs – nachdem man schon eingelullt ist von den vielen Komplimenten für den eigenen Hund – kurz das Gespräch auf die Kostennote. Selbstverständlich ist die Aufnahme in die Kartei kostenlos, lediglich der Website-Betreuer nimmt für die Einpflege der Daten und der Fotos einen kleinen Betrag, so etwa 100 Euro. Das ist der große Augenblick, in dem Sie bitte aufstehen, sich für das freundliche Gespräch bedanken und um eine Erfahrung reicher nach Hause gehen. Nehmen Sie es als interessante Anekdote, die Sie daheim erzählen können. Mittlerweile, wurde mir berichtet, werden die Kosten auch schon geringer. Sagen Sie sich bitte nicht: „Ach, sind doch nur zehn Euro, was soll's, wenn es nichts wird, macht es nichts." Darauf wird spekuliert. Nehmen Sie die zehn Euro, bringen Sie in Ihr örtliches Tierheim und machen Sie damit gleich die Richtigen glücklich. Jede seriöse Agentur wird Ihren Hund absolut kostenlos aufnehmen, sie ist nämlich darauf angewiesen, wenn Kunden bestimmte Hunde suchen, eine Auswahl anbieten zu können. Und wenn Ihr Hund besonders viel kann, dann ist er umso gefragter.

Bei allem, was Ihnen aber vorschweben mag, bedenken Sie: Am wahrscheinlichsten ist, dass Ihr Hund nie vor der Kamera arbeitet. Manche werden für Katalogaufnahmen gebucht werden, einige wenige für kleine Fernsehrollen oder Werbefilme, aber kaum ein Hund wird so berühmt wie Lassie. Gott sei Dank!

Sollten Sie tatsächlich ein Angebot bekommen, achten Sie bitte gut darauf, was Sie unterschreiben. Im Normalfall kann niemand dafür garantieren, dass vor der Kamera auch wirklich klappt, was zu Hause im Wohnzimmer leicht abrufbar ist.

Ein professioneller Tiertrainer sollte Ihnen bei jedem Set zur Seite stehen und Sie unterstützen. Bekommen Sie für Ihre Tätigkeit Geld – Achtung, damit wird man nicht reich –, so beachten Sie bitte, dass Sie dieses Einkommen

Manche Hunde sind wahre Clowns. Erkennen Sie die Talente Ihres Hundes.

versteuern müssen, dass Ihr Hund am Set versichert sein muss und dass Sie eine Genehmigung für die Filmarbeit vorweisen können. Vielfach wird da ganz lapidar drüber hinweggegangen, weil noch nie etwas passiert sei, aber wenn etwas schiefgeht und der Hund etwas beschädigt oder gar jemanden verletzt (auch wenn jemand über den Hund fällt, kann das schlecht ausgehen), wird die normale Hundehaftpflicht sich da auf einen Ausgleich nur im unwahrscheinlichen Fall einlassen.

Zu guter Letzt die eindringlichste Warnung: Fernsehmenschen sind meist sehr nette Menschen, aber sie sind keine Hundetrainer, und sie arbeiten in der Regel mit einem engen Zeitplan,

jeder Drehtag kostet Geld. Sie möchten in möglichst kurzer Zeit möglichst effektiv drehen, was sehr nachvollziehbar ist. Aber Hunde brauchen Pausen und können eben nicht mit Druck gearbeitet werden. Stress am Set darf sich nicht auf Sie auswirken, denn sonst leidet der Hund und Ihre gemeinsame Arbeit darunter.

Drehen Sie lieber Ihren eigenen Film. Eigene oder Nachbarskinder sind meist von solchen Projekten schnell zu begeistern, und mit den großen Videoplattformen im Internet erreichen Sie eine große Zuschauermenge.

Oder, was vielleicht noch besser ist, erfreuen Sie sich einfach nur daran, was Ihr Hund kann.

Der Hund sollte sich beim Trickdogging immer wohlfühlen!

Ist Tricksen eigentlich gut für Hunde?

Wie könnte es anders sein, auch das Trickdogging hat natürlich Kritiker. Konditionierungswahn ist das Stichwort: Warum müssen Hunde Zirkustricks lernen und dürfen nicht einfach Hunde sein?

Dazu möchte ich gern ein paar Worte sagen, denn dies ist ein wichtiger Punkt, der auch mir sehr am Herzen liegt. Unsere Hunde teilen unser Leben. Mit der Entscheidung, einen Hund in unser Leben aufzunehmen, müssen wir einer großen Verantwortung für ein lebendiges Wesen nachkommen. Es ist unsere Aufgabe, über Futter und Wasser hinausgehend, für den Hund zu sorgen. Ein Hund, der zwar körperlich versorgt wird, ist noch lange nicht ausgelastet. Aber auch das gehört meiner Meinung nach dazu, einem anvertrauten Lebewesen gerecht zu werden. Es ist toll, wenn der Hund seinen Anlagen entsprechend gefördert wird, aber wenn man sich umschaut: Wie viele Hütehunde hüten regelmäßig an Schafen? Wie viele Jagdhunde werden jagdlich geführt? Wie viele Hunde werden ihren Anlagen entsprechend gefordert? In den allermeisten Fällen fehlen die Möglichkeiten dazu. Und wenn es nun sicherlich eine vernünftige Frage ist, warum teilweise hoch spezialisierte Rassen als Familienhunde gehalten werden, so ist die Diskussion darüber doch müßig. Ich persönlich freue mich über jeden Hundehalter, der erkannt hat, dass ein Hund mehr als Futter, Wasser und dreimal am Tag um den Block benötigt.

Beim Trickdogging geht es um das gemeinsame Erarbeiten. Der Mensch macht sich Gedanken, wie der Trick umzusetzen ist, zerlegt das Ganze in kleine überschaubare Einheiten und vermittelt dem Hund mithilfe positiver Bestärkung den Trick. Auch Hunde mit Handicap sind hier nicht ausgeschlossen. Für jeden Hund findet man geeignete Tricks.

Tolle Teamarbeit ist gefragt, und nur so sind gute Ergebnisse zu erreichen.

Tricks sind witzig und eine schöne Beschäftigung für Mensch und Hund. Bei aller Trickserei darf man allerdings nicht den Hund aus dem Auge verlieren. Muten Sie Ihrem Hund nicht zu viel zu, üben Sie nicht zu viel und vor allem nicht zu lang. Zweimal fünf Minuten am Tag sind völlig ausreichend, um den Hund geistig zu beschäftigen, und gute Tricks lassen sich auch mit diesem vielleicht klein erscheinenden Pensum erarbeiten.

Warnhinweis:

Die Autorin ist bei allen Beschreibungen und Anleitungen bemüht, auf sämtliche Risiken hinzuweisen. Jedoch kann bei der Arbeit mit lebenden Tieren, selbst bei größter Aufmerksamkeit, einmal ein Unfall passieren. Weder Autorin noch Verlag übernehmen für Unfälle und Verletzungen, die aus der Nutzung der Anleitungen aus diesem Buch entstehen, die Haftung und bitten darum die Leser um größtmögliche Aufmerksamkeit beim Tricksen mit dem Hund. Haben Sie Spaß, aber achten Sie gut auf Ihren Hund!

Danke

Vielen lieben Dank allen, die an der Entstehung dieses Buches beteiligt waren:

allen voran meinen Hunden Benda, Scully und Morris. Morris habe ich einem Gemeinschaftsprojekt zu verdanken, meinem Fotografen Andreas Maurer und seiner Frau Sabine, die die hingebungsvollen Züchter dieses kleinen Kerls sind. Ich danke Björn und Jessy dafür, dass sie mich zum Welpengucken mitgenommen haben und schon wussten, dass mein heimlicher Favorit noch nicht vergeben war. Ich danke Nicola, die sich über meine ausdrückliche Bitte hinweggesetzt hat, sollte ich mit einem Welpen am Boden sitzen, am Fell riechen und so etwas wie „Oh, der ist aber klasse" murmeln, mir den Welpen zu entwinden, mich an die frische Luft zu bringen und mir das Ganze auszureden. Meiner Tochter Jana, die nicht müde wird, zwischendurch mal Hunde zu sitten, ob es nötig ist oder nicht, und die eine so herrlich sichere Intuition für den richtigen Umgang mit Hunden hat. Meinen Eltern für eigentlich alles und meinem Papa ganz besonders, weil er einfach der beste Papa der Welt ist; meiner Lieblings-Andrea Gerhards, die dieses Mal aber ganz sicher zumindest diesen Teil des Buches lesen wird; meiner langjährigen Freundin Bianca Gricer, die immer Verständnis hat, wenn ich mal wieder total beschäftigt bin.

Ich danke den tierischen Fotomodellen und ihren Besitzern: Julia Nießen und ihrer französischen Bulldogge Kung Fu, ein sehr besonderes Team, das mich nun schon so lange begleitet; natürlich wieder dabei Nicola Karpinski und Mischling Jonny, die mittlerweile Vollprofis vor der Kamera sind; Melanie Picciallo, die diesmal nicht nur mit Schäfermix Luke, sondern auch mit der bunt gemixten Chica zu tollen Bildern beigetragen hat; Björn Tigges und Jessica Kornrumpf mit Border Collie und Topmodel Emma, Pudelmix „Rasta Ronja" und Australian Shepherd Morris mit Bruder Mojito Bandito, schön, dass ihr wieder mit dabei wart; Iris Spörl von den Trickdogs mit Yorkie-Pudel-Chihuahua-Zwergpinscher-Mix Milly, die für das Shooting eine unglaub-

lich weite Strecke gefahren sind, ein Riesendanke dafür; Claudia Neumann mit Shi-Tzu Ben, Tibet-Terrier-Mix TomTom und Malteser Pepper, allesamt unglaublich erfahrene Trickser; Julia Isermann mit Dackel-Terrier-Mix Grete-Rakete, West-Highland-Terrier Einstein und der tollen Joyce, einem Stafford-Terrier-Mix, die trotz ihrer Erkrankung (zerebrale kortikale Abiotrophie) und der daraus resultierenden Behinderung super mitgemacht hat und im Herzen eine sicherlich noch größere Trickserin ist, als sie zeigen kann; Birgit Grade mit Luca, dem schönsten altdeutschen Schäferhund der Welt, den ich besonders in mein Herz geschlossen habe; Ina Stein mit Labrador-Golden-Retriever-Mix Luise, dem wandelnden Sonnenschein; meine Lieblingsnachbarn Sabine und Jürgen Rosenbaum mit Parson Russell Felix und der wunderhübschen Schäferhündin Pepper; Maike Legerlotz und dem Teddybären-Husky-Mix Sam; Claudia Lammers mit den wunderschönen Azawakhs Jella und Dayo, und natürlich Hannes, den ich schon aufgrund der Ähnlichkeit mit Benda toll finde. Vielen Dank an Dieter Lammers, dass Hannes auch dabei sein konnte.

Bedanken möchte ich mich auch bei meiner Lektorin, Frau Dorothee Dahl, die mich motiviert, gelobt und wirklich klasse betreut hat.

Ich danke den Teams, die ich in meinen Kursen und Seminaren begleiten darf, für ihre ansteckende Begeisterung und die zahllosen Ideen, die uns während solcher Seminare kommen.

Ich danke auch Ihnen wieder, liebe Leser, für die Zeit, die Sie sich für Ihre Hunde nehmen. Und nun – frei nach Peter Lustig – machen Sie das Buch zu und widmen Sie sich Ihrem Hund. Hier ist jetzt Schluss.

Über die Autorin

Manuela Zaitz lebt mit ihrer Tochter und den drei Hunden
Benda, Scully und Morris in Moers und betreibt dort die
Ausbildungsstätte Hunde-Spiele.

    Sie leitet keine Hundeschule im klassischen Sinn, sondern
hat sich auf Trickdogging, Discdogging, Beschäftigung
und Clickertraining spezialisiert.

Ihr Ziel ist es, harmonische Mensch-Hund-Beziehungen zu erreichen, deshalb legt sie Wert darauf, dass mit den Hunden, die mit ihren Besitzern in ihr Training kommen, positiv und fröhlich gearbeitet wird.

Zusätzlich zu ihrer umfangreichen Fernausbildung zur Tierpsychologin mit Schwerpunkt Hund an der Akademie für Tiernaturheilkunde in der Schweiz besucht sie zahlreiche Fortbildungen und Vorträge, um in puncto Hund immer auf dem neuesten Stand zu sein.

Ihre Hunde tragen mit ihrer unbekümmerten, experimentellen Art immer wieder zu neuen Trickideen bei. In zahlreichen kleinen Videoclips auf der Internetseite der Autorin *www.hunde-spiele.de* kann man viele der Tricks aus den Büchern auch in bewegten Bildern anschauen.

Auch auf der von Manuela Zaitz initiierten Plattform *www.trickdogging-forum.de* finden sich immer neue Ideen und viele passionierte Trickser, die sich über Austausch freuen.

Manuela Zaitz mit ihren drei Hunden Benda, Morris und Scully.